给妈妈与宝贝女儿的20款亲子装

〔美〕斯特凡尼·加佩儿　著

〔美〕艾米·赫林　图片摄影

胡怡真　译

河南科学技术出版社

·郑州·

感　谢

对于我的家庭在本书的出版过程中始终不渝的支持，我要表示衷心感谢。孩子们，我为自己总是熬夜不能陪伴你们表示歉意！

我也要对各专业公司表示感谢，感谢他们慷慨地为编织这些毛衣提供毛线；我更要感谢KNIT PICKS公司提供的各种编织针和辅助工具。

我诚挚地感谢JODI WARSHAW，让我在人生最美好的时刻做这本书。我要将我的感谢送给我的经纪人——JUDY HEIBLUM，当我有奇思妙想的时候，是她确保所有的妙计都收集在了这里。

谨以此书献给Mazie 和Olive Japel，
她们是我创作的源泉。

目 录

介　绍

　　我爱好设计花样。我最知名的本领是创作合身并能凸显女性优美体形的无缝合毛衣。关于这个主题我已经写了两本书。我也曾上过电视节目 "Knitty Gritty"（小织情结），讨论我的设计风格。当我的女儿们出生时，我面临新的编织挑战：创作出既能取悦父母又能取悦孩子的儿童毛衣，毛衣要既让孩子感觉非常舒适也要非常合身。我不是一个浑身上下穿着毛茸茸的粉红色衣服的人，我的女儿们（到目前为止）也不是。当我试着为她们找合适的衣服时，这也成了一个问题：当您走进任意一家百货商店的儿童服饰部时，它们都清楚地表明一个观点——女孩们爱穿粉红色衣服。您甚至会发现为女孩子们设计的编织花样都是甜得发腻的糖果蜜饯似的东西。在我的第一个女儿出生后不久，我开始出版儿童编织花样图书。我喜欢创作可爱的毛衣，但它们不是传统的 "女孩气"。我的目的是制作不是全粉红色的衣服，不是所有的衣服都有花边或者褶皱饰边，并且这种衣服可以在任何场合穿着，并不仅限于在盛装场合穿。我已经收到了成百上千封电子邮件，对于我为孩子们设计的任何一种花样，要求也为成人设计同样的花样！

　　在本书中，我为大家提供了妈妈与宝贝女儿的亲子毛衣编织集，从中反映出我对女装的热爱，以及对创作可爱、典雅却家常的少女装的热忱。在后面的文章中，您会发现为小女孩以及她们的妈妈（或者阿姨、奶奶及其他家庭朋友们）设计的单片式毛衣，只需从上往下编织。我不想要母女装的毛衣编织得一模一样，完全配套，相反，我创作的花样，让成人的花样更加耐看，孩子的花样更加有趣、青春。有些母女装看起来一样，仅仅是因为使用了同样的编织花样或者使用了同样的毛线。有些毛衣是先设计了婴儿的样式，而成人的衣服是作为陪衬，与之相搭配的；还有些衣服是从成人的毛衣开始设计的，儿童的只是缩小了尺寸。

　　既然所有的毛衣都是在环形针上从上到下编织的，那么每种花样都得让编织者能有机会做些不一样的事儿，甚至可以学些新知识。例如，在编织普埃布拉上衣时，您可以织一些双面针迹，且表面是绣花；图书馆毛开衫，您可以用 "加针起针法" 做小的I-cord包边编织扣环；麻花毛开衫，是通过在麻花部分内部加针的方法使之成型的。我希望您能在学习中享受怎样编织这些小细节，并且能在将来的编织中再次使用这些小细节的编织技巧。

　　本书中涵盖了从婴儿（或儿童）到成人的花样尺寸，大部分是大到50英寸*/127厘米或者更大的胸围尺寸。所有的毛衣都很合身，是根据女士们以及她们心爱的小姑娘们的真实尺寸精心设计的。

　　*英寸为非法定计量单位，考虑到行业习惯，本书保留。1英寸约合2.54厘米。

您的编织篮

本书中，大部分毛衣的编织是圈编。编织的时候，您将用到环形针。如果您计划在一圈中编织很多花样，我建议您购买一套好的环形针，以及可互换的附件，例如，Denise Needle公司、Addi公司或者Knit Picks公司生产的套针。这样，您什么时候都能有正确的棒针型号和想要的麻花长度。如果您只是刚开始做圈编，且不确定是否需要买一套，那么您可以在需要的时候购买单个棒针，在您集齐各种型号和长度的棒针前，这只是个时间问题。

要编织这本书中的花样，您也将需要其他一些小物件：

工具

织补针或者缝衣针

量衣尺

剪刀

几个防解别针或几根废线

数个记号圈

毛线

本书中所使用的毛线仅仅是建议。您可以拿出您收藏的毛线来替换这些花样中的任意毛线。但是，如果您替换了毛线，请仔细观察并确认该样品的密度是否与这种花样要求的密度一致。如果样品密度不一致，那么，您就得不到想要的尺寸、褶皱，或者成品毛衣不合适；也请确认替换的位置是类似毛线纤维的位置。之所以选择这些毛线，是因为它们在外观、触感上达到了要求，且在成品毛衣上有褶皱。替换成不同特性、成分的毛线或者替换的位置不同，会使编织物与本书图片上的成品有质量上的差别。

编织技巧

本书中的花样是基于假定您对编织技巧有基本的了解。在本部分，您将发现对本书中一些更加复杂的编织步骤的详细说明。

凸编收针

（用于普埃布拉上衣和淑女棉开衫）

这是一种装饰性的收针技巧。使用这种技巧，您不仅可以对织片的最后一行收针，而且通过边加针边对额外的针目进行收针的方法，还能创作出一条装饰性的边缘。

如何收针：收3针，*用下针加针起针法起3针，收5针，从*开始重复，将剩下的针目收针。

简易式起针法（线圈向后）

（该方法可以用于所有款式毛衣的扣眼或腋窝）

这是一种快速起针法，在编织扣眼的时候，在行的中间可以快速起几针。

编织这种起针的方法：将织片放在右手，起针的挂线在左手，用挂线在左手拇指套个圈，将线圈扭转一次套在右手的棒针上。重复这个动作，直到达到这种花样需要的针目数量。

下针加针起针法

（该方法用于所有毛衣腋窝处的大片编织）

这种起针法可以用于一款毛衣的所有针目的起针。它特别适用于在一行的中间起针，例如，在编织扣眼或在自上而下编织的毛衣的腋窝处起针时，可以用这种方法。

编织这种起针的方法：好像要编织一样，将右手的棒针插入左手棒针的第1个针目中，织1针下针，但是不要滑针，相反，将新加的针（在右手棒针上的那一针）套到左手的棒针上。重复这个动作，直到达到这种花样需要的针目数量。

扣眼

（用于图书馆毛开衫、麻花毛开衫、花边毛开衫、经典毛开衫和淑女棉开衫）

1针扣眼 第1行：织挂针、左下2针并1针。第2行：编织花样针（下针、上针、桂花针，等等）。

2针扣眼 第1行：收2针。第2行：在花样针处收针；用"下针加针起针法"起2针。

3针扣眼 第1行：收3针。第2行：在花样针处收针；用"下针加针起针法"起3针。

均匀地排列扣眼

（用于经典毛开衫和淑女棉开衫）

用这种方法，您就能沿着前襟均匀排列扣眼，而不用管棒针上的针目数，也不用管要用到的扣子数量。

举例来说，您的前襟有70针，您要钉8颗纽扣。那么，您要做的第一件事就是平均地将纽扣排列在前襟的一侧并且算出如何排列这些扣眼。从前襟的一端开始排列纽扣，从另一端排列另一颗纽扣，这2颗纽扣分别位于从边缘开始的3针后（到边缘的距离取决于纽扣大小；您想要纽扣正好位于前襟上而不与上面的边或下面的边重叠）。现在，您需要将剩余的6颗纽扣平均地分配在剩下的64针上。把剩下的64针如下分配：每9针分成一份儿，共6份，再加上一个10针的部分。大概每9（或10）针一个扣眼，将扣眼置于中间，用珠针或可去掉的记号圈将这些点标记出来。

至此，您已经排好了纽扣，但您还要知道怎样织这些扣眼。

首先，仔细看花样，看扣眼应该多大。典型的扣眼尺寸是1针、2针或3针。1针的扣眼很好织：简单地在放置纽扣的位置织下针（织到珠针或记号圈那里），织一组"挂针，左下2针并1针"，扣

眼都这样织，一直织到在前襟的扣眼行的末端就行了。

2针扣眼也是类似编织，但是您在排列它们的时候要稍微小心些。一直织下针，直到在另一侧前襟上您要钉纽扣的那个针目对应的这侧前襟上的针目前面的那一针，然后收2针。一直织下针，直到在另一侧前襟上您钉下一颗纽扣的那个针目对应的这侧前襟上的针目前面的那一针，然后收2针，继续这样织，直到扣眼这一行的末端。

3针扣眼就有些复杂，因为您要将扣子放在扣眼的中间。因此，就像织2针扣眼那样，要一直织下针，直到钉纽扣的那个针目（或直到记号圈前的那个针目）前面的那一针，然后收3针，继续以这种方法编织，直到这一行的末端。

| 3 | 10 | 9 | 9 | 9 | 9 | 9 | 9 | 3 |

针法术语

（3针右扭麻花针）：移2针到麻花针上，在织片后方，织1针下针，从麻花针上织2针下针。

（3针左扭麻花针）：移1针到麻花针上，在织片前方，织2针下针，从麻花针上织1针下针。

（平针）：也称起伏针。当正反面编织的时候，每一行都是织下针。当圈编时，织1圈下针、1圈上针。

（I-cord包边编织）：用一个双头棒针，按指定的数量起针或挑针；不要翻面。*将针目移到棒针的另一端，将这些针目都编织下针，将挂线紧紧拉到这些针目的后面；从*符号处开始重复编织，直到达到指定的长度。按照指示，对所有的针目收针。

（左下2针并1针）：把2针并成1针下针（向右倾斜减针）。

（从针目后方穿入棒针，织左下2针并1针）：从针目后方穿入棒针，把2针并成1针下针（向左倾斜减针）。

（左下3针并1针）：把3针并成1针下针（向右倾斜减2针）。

（在同一针目织下针与扭针进行加针）（见第11页的编织图解）：从针目前方穿入棒针，织1针下针但是不从棒针上脱掉1针；从针目后方穿入棒针，在同一针目织1针下针，然后从左手的棒针上脱掉1针。

（左挑针加针）：将右手棒针插入左手棒针上的下一针下面一行的那个针目上，挑起这个针目，套在左手的棒针上；对这个针目织下针，然后对左手棒针上的针目织下针。

（加1针）：在刚才编织过的那一针目和下一针目之间有根线，将左手棒针从前往后插入这根线的下方，将该线圈穿在左手棒针上，从针目后方穿入棒针织1针下针。

（加1针上针）：在刚才编织过的那一针目和下一针目之间有根线，将左手棒针从前往后插入该线的下方，将该线圈穿在左手棒针上，从针目后方穿入棒针织1针上针。

（反上下针）：正面全上针织法。当正反面编织时，在正面编织的行都织上针，在反面编织的行都织下针。当圈编时，所有的行都织上针。

（右挑针加针）：将左手棒针插入刚才在右手棒针上编织的那个针目下面2行的针目，将该针目挑起织下针。

（右下3针并1针）：以下针方向滑1针，织左下2针并1针，将滑针套过并1针（向右倾斜减2针）。

（右下2针并1针）：滑1针，织1针下针，将滑针套到左侧针目上。

（上下针）：正面全下针织法。当正反面编织时，在正面编织的行都织下针，在反面编织的行都织上针。当圈编时，所有的行都织下针。

（以相同花样继续编织，不另外加减针）：按照设定好的花样继续编织，不再另外加减针。

（2x2罗纹针）：（在成行编织中，是4针+2的倍数；在圈编中，是4针的倍数）

第1行/第1圈（正面）：*织2针下针、2针上针；从*开始重复，如果是在成行编织中，织2针下针结束。

第2行/第2圈：当织物面向您时，下针还织下针，上针还织上针。

重复第2行编织2x2罗纹针。

（3x3罗纹针）：（在成行编织中，是6针+3的倍数）

第1行（正面）：织3针下针，*织3针上针、3针下针，从*开始重复。

第2行：当织物面向您时，下针还织下针，上针还织上针。

重复第2行编织3x3罗纹针。

（桂花针）：（在成行编织中，是2针+1的倍数）

第1行（正面）：织1针下针，*织1针上针、1针下针，从*开始重复。

第2行：当织物面向您时，将上针织为下针，将下针织为上针。

重复第2行编织桂花针。

（圈编的桂花针）：（2针的倍数）

第1行（正面）：*织1针下针、1针上针，从*开始重复。

第2行：当织物面向您时，将上针织为下针，将下针织为上针。

重复第2行编织桂花针。

（引返针织成形）：按照指定的数量起针，将挂线绕过针脚，然后翻面（也就是引返针）。按照指示，逐步编织更长或更短的行。当您

织到绕过线的那个针目时，将绕线与该针目一起编织。方法如下：从下方将右手棒针插入已绕线的那个针目底部的绕线，然后将右手棒针提起并插入左手棒针上的针目内，准备编织这一针目；将绕线与该针目一起织下针（或上针）。

（引返针）：（正面）将挂线拉到织片前方（到上针位置），将下一针目移到右手棒针上，将挂线拉到织片后方，将移过去的那一针（现在它是被绕着的）再挂回到左手棒针上；翻面，剩下的针目不织。（反面）将挂线拉到织片后方（到下针位置），将下一针目移到右手棒针上，将挂线拉到织片前方（到上针位置），将移过去的那一针（现在它是被绕着的）再挂回到左手棒针上；翻面，剩下的针目不织。

在同一针目织下针与扭针进行加针的编织图解

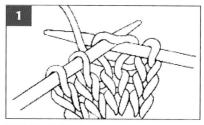

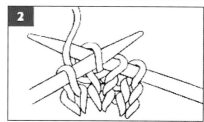

1

花边毛开衫

这款毛衣是用最柔软的小羊驼毛和真丝混纺线编织而成的。花边图案给该款毛衣增加了通透性和飘逸感，花边内的造型使得该款毛衣凸显出绝对的女性之美。

宝贝的花边毛开衫

材料

毛线
Lorna's Laces Honor（70%
小羊驼毛，30%真丝；每团100
克，251米）
青灰色，使用1（1,1,1,2）团

编织针
美国6号（直径4毫米）24英
寸/60厘米或更长的环形针、双
头棒针

常用工具
1颗直径约2.5厘米的纽扣
织补针
4个记号圈
几个防解别针

密度
每4英寸×4英寸/10厘米×10厘
米范围内
织24针，30行

尺寸　◇　图片毛衣显示的尺寸：6个月

尺码（月龄）	3	6	12	18	24
合身胸围（英寸）	16	17	18	19	20
合身胸围（厘米）	40.5	43	45.5	48.5	51

成衣尺寸

胸围（英寸）	18	18½	20	21½	22
胸围（厘米）	45.5	47.5	51	54	56
长度（英寸）	7¼	7¾	8¾	9½	9¾
长度（厘米）	18.5	19.5	22.5	24	24.5

编织方法

育克（过肩）

- 起针32（36,42,42,42）针。

- 插肩袖组合行（反面）：织上针，如下放置记号圈：前片织1（1,1,1,1）针上针，放记号圈；袖子织6（7,8,8,8）针上针，放记号圈；后片织18（20,24,24,24）针上针，放记号圈；袖子织6（7,8,8,8）针上针，放记号圈；前片织1（1,1,1,1）针上针。

- 第2行（正面）：在同一针目织下针与扭针进行加针，将记号圈移到另一棒针，在同一针目织下针与扭针进行加针，【织下针一直到记号圈前的那一针，在同一针目织下针与扭针进行加针，将记号圈移到另一棒针，在同一针目织下针与扭针进行加针】重复织3次。增加8针。

- 第3行和第5行：全部织上针。

- 第4行：织1针下针，在同一针目织下针与扭针进行加针，将记号圈移到另一棒针，在同一针目织下针与扭针进行加针，【织下针一直到记号圈前的那一针，在同一针目织下针与扭针进行加针，将记号圈移到另一棒针，在同一针目织下针与扭针进行加针】重复织3次，织下针直到结束。

- 第6行：织下针一直到记号圈前的那一针，在同一针目织下针与扭针进行加针，将记号圈移到另一棒针，在同一针目织下针与扭针进行加针，【织下针一直到记号圈前的那一针，在同一针目织下针与扭针进行加针，将记号圈移到另一棒针，在同一针目织下针与扭针进行加针】重复织3次，织下针直到结束。

- 第7行：全部织上针。

- 重复3（3,3,3,3）次第6、7行的织法。总共80（84,90,90,90）针；每个前片7（7,7,7,7）针。

前领口造型

- 第14行（正面）：在同一针目织下针与扭针进行加针，织下针一直到记号圈前的那一针，在同一针目织下针与扭针进行加针，将记号圈移到另一棒针，在同一针目织下针与扭针进行加针，【织下针一直到记号圈前的那一针，在同一针目织下针与扭针进行加针，将记号圈移到另一棒针，在同一针目织下针与扭针进行加针】重复织3次，织下针直到最后一针，在同一针目织下针与扭针进行加针。增加10针。

- 第15行及所有反面行：全部织上针。

- 重复2次第14、15行的织法。总计110（114,120,120,120）针；每个前片13（13,13,13,13）针，每个袖子24（25,26,26,26）针，后片36（38,42,42,42）针。

- 第20行（正面）：用下针加针起针法起5（6,8,8,8）针，织下针一直到记号圈前的那一针，在同一针目织下针与扭针进行加针，将记号圈移到另一棒针，在同一针目织下针与扭针进行加针，【织下针一直到记号圈前的那一针，在同一针目织下针与扭针进行加针，将记号圈移到另一棒针，在同一针目织下针与扭针进行加针】重复织3次，织下针直到结束。

- 第21行：用上针加针起针法起5（6,8,8,8）针，织上针一直到结束。每个前片19（20,22,22,22）针，每个袖子26（27,28,28,28）针，后片38（40,44,44,44）针。

育克收尾

- 第22行：【织下针一直到记号圈前的那一针，在同一针目织下针与扭针进行加针，将记号圈移到另一棒针，在同一针目织下针与扭针进行加针】重复织4次，织下针直到结束。

- 第23行：全部织上针。

- 重复2（4,5,6,7）次第22、23行的织法，每个前片22（25,28,29,30）针，每个袖子32（37,40,42,44）针，后片44（50,56,58,60）针。总计152（174,192,200,208）针。

将袖子从身片分开

- 前片织22（25,28,29,30）针下针。将接着的32（37,40,42,44）针袖子上的针目穿在防解别针上，稍后再织。用下针加针起针法，在腋窝处起10（6,4,6,6）针，将记号圈放在这些针目的中间，将前后片分开。后片织44（50,56,58,60）针下针。将接着的32（37,40,42,44）针袖子上的针目穿在防解别针上，稍后再织。在腋窝处起10（6,4,6,6）针，放记号圈将前后片分开。棒针上一共108（112,120,128,132）针身片针。

- 以上下针的织法继续织，不另外加减针，共织15（15,19,23,23）行。

开始编织花边罗纹针饰边

- 第1行（反面）：织上针，均匀地增加0（3,7,1,5）针。总计108（115,127,129,137）针。

- 第2行（正面）：织7（5,5,6,5）针下针。*按照宝贝的花边罗纹针编织图（见第24页）编织，织5针下针，从*开始重复，结尾织

2 (0,0,1,0) 针下针。

- 第3行（反面）：织7(5,5,6,5)针上针。*按照编织图编织，再织5针上针，从*开始重复，结尾织2(0,0,1,0)针上针。

- 重复第2、3行的织法，直到编织图的第12行。

- 松松地收针（不要织太紧）。

袖子

- 将针目从防解别针转到双头棒针上。在身片的腋窝处挑针并起针10(6,4,6,6)针。

- 第一圈：织下针。

- 第二圈：开始按照宝贝的袖子花边编织图（见第24页）编织。将编织图重复织7(7,7,8,8)次，再织0(1,2,0,2)针上针。

- 继续按照设定的花样编织，直到编织图的第12行。

- 织2圈上针。收针。

纽扣前襟

右前片

- 将织片正面朝向编织者，从下摆的边开始，每3行挑针并织2针下针。

- 第1行（反面）：织下针。

- 第2行（正面）：织下针直到最后4针，收2针，织下针直到结束。

- 第3行：织下针，在收2针做扣眼的位置上方，起2针。

- 第4行：织下针。

- 收针。

左前片

- 将织片正面朝向编织者，从左领口的边开始，挑针并织下针，下针的针数与右前片前襟的挑针数一致。

- 织4行下针。

- 收针。

妈妈的花边毛开衫

材料

毛线

Lorna's Laces Honor（70%小羊驼毛，30%真丝；每团100克，251米）

青灰色，使用4（5,5,6,6,7）团

编织针

美国4号（直径3.5毫米）24英寸/60厘米或更长的环形针、双头棒针

美国6号（直径4毫米）24英寸/60厘米或更长的环形针、双头棒针

常用工具

9颗直径约2厘米的纽扣

织补针

4个记号圈

几个防解别针

密度

每4英寸×4英寸/10厘米×10厘米范围内
织24针, 30行

尺寸　　图片毛衣显示的尺寸: S号（34码）

尺码	XS	S	M	L	XL	XXL
合身胸围（英寸）	30	34	38	42	46	50
合身胸围（厘米）	76	86.5	96.5	106.5	117	127

成衣尺寸

	XS	S	M	L	XL	XXL
胸围（英寸）	32½	36	40	44	48	52
胸围（厘米）	83	91.5	101.5	112	122	132
长度（英寸）	21½	22	23	23½	24	24½
长度（厘米）	54.5	56	58.5	59.5	61	62.5

编织方法

育克（过肩）

- 起针62（62,78,78,86,86）针。

- 第1行（反面）：织上针, 如下放置记号圈: 前片织1(1,1,1,1,1)针上针, 放记号圈; 袖子织12(12,16,16,18,18)针上针, 放记号圈; 后片织36(36,44,44,48,48)针上针, 放记号圈; 袖子织12(12,16,16,18,18)针上针, 放记号圈; 前片织1(1,1,1,1,1)针上针。

- 第2行: 在同一针目织下针与扭针进行加针, 将记号圈移到另一棒针, 在同一针目织下针与扭针进行加针,【织下针一直到记号圈前的那一针, 在同一针目织下针与扭针进行加针, 将记号圈移到另一棒针, 在同一针目织下针与扭针进行加针】重复织3次。

- 第3行和第5行（反面）：全部织上针。

- 第4行: 织1针下针, 在同一针目织下针与扭针进行加针, 将记号圈移到另一棒针, 在同一针目织下针与扭针进行加针,【织下针一直到记号圈前的那一针, 在同一针目织下针与

扭针进行加针，将记号圈移到另一棒针，在同一针目织下针与扭针进行加针】重复织3次，织1针下针。

- 第6行：【织下针一直到记号圈前的那一针，在同一针目织下针与扭针进行加针，将记号圈移到另一棒针，在同一针目织下针与扭针进行加针】重复织4次，织下针直到结束。

- 第7行：全部织上针。

- 重复3（3,3,3,3,3）次第6、7行的织法。每个前片7（7,7,7,7,7）针。总共110（110,126,126,134,134）针。

前领口造型

- 第14行（正面）：在同一针目织下针与扭针进行加针，【织下针一直到记号圈前的那一针，在同一针目织下针与扭针进行加针，将记号圈移到另一棒针，在同一针目织下针与扭针进行加针】重复织4次，织下针直到最后一针，在同一针目织下针与扭针进行加针。增加了10针。

- 第15行：全部织上针。

- 重复5次第14、15行的织法。每个前片19（19,19,19,19,19）针，每个袖子36（36,40,40,42,42）针，后片60（60,68,68,72,72）针。

- 第26行（正面）：用下针加针起针法起11（11,15,15,17,17）针，【织下针一直到记号圈前的那一针，在同一针目织下针与扭针进行加针，将记号圈移到另一棒针，在同一针目织下针与扭针进行加针】重复织4次，织下针直到结束。

- 第27行：用上针加针起针法起11（11,15,15,17,17）针，织上针一直到结束。每个前片31（31,35,35,37,37）针，每个袖子38（38,42,42,44,44）针，后片62（62,70,70,74,74）针。

育克收尾

- 第28行：【织下针一直到记号圈前的那一针，在同一针目织下针与扭针进行加针，将记号圈移到另一棒针，在同一针目织下针

与扭针进行加针】重复织4次，织下针直到结束。

- 第29行：全部织上针。

- 重复13（15,16,18,18,19）次第28、29行的织法。

将袖子从身片分开

- 下一行（正面）：前片的45（47,52,54,56,57）针织下针，将接着的66（70,76,80,82,84）针穿在防解别针上，稍后再织。在腋窝处起8（14,16,24,32,42）针，后片的90（94,104,108,112,114）针织下针，将接着的66（70,76,80,82,84）针穿在防解别针上，稍后再织。在腋窝处起8（14,16,24,32,42）针，前片的45（47,52,54,56,57）针织下针。身片一共196（216,240,264,288,312）针。

身片

- 第1行（反面）：织上针。

- 第2行（正面）：织下针，均匀地增加0（3,3,3,3,3）针或减少1（0,0,0,0,0）针以得到6针的倍数加上3针。总计195（219,243,267,291,315）针。

- 正面全织下针，织3（3,3$^{1}/_{2}$,3$^{1}/_{2}$,4,4）英寸/7.5（7.5,9,9,10,10）厘米，在反面行收尾。

开始编织罗纹针花样

- 第1行（正面）：织4针下针，1针上针（织5针下针，1针上针）直到最后4针，织4针下针。

- 第2行（反面）：织4针上针（织1针下针，5针上针）直到最后5针，织1针下针，4针上针。

- 重复14次第1、2行的织法。

开始织腰部罗纹针

- 换成稍小号的棒针。

- 第1行（正面）：【织3针下针，3针上针】直到最后3针，织3针下针。

- 第2行（反面）：【织3针上针，3针下针】直到最后3针，织3针上针。

- 重复10次第1、2行的织法。从腋窝处开始量，此处该毛衣的尺寸大概是9¹/₂（9¹/₂，10，10，10¹/₂，10¹/₂）英寸/24（24，25.5，25.5，26.5，26.5）厘米。

- 再换回大号的棒针。

开始按照妈妈的花边编织图1进行编织
（见第25页的妈妈的花边编织图1）

- 第1行（正面）：织3针下针，重复花边编织图1的花样直到最后6针，织3针上针，3针下针。

- 第2行（反面）：织3针上针，3针下针，重复花边编织图1的花样直到最后3针，织3针上针。

- 按照设定好的花样继续编织，将花边编织图1上显示的12行编织2次（共织24行）。

开始按照妈妈的花边编织图2进行编织
（见第25页妈妈的花边编织图2）

- 第1行（正面）：织3针下针，重复花边编织图2的花样直到最后6针，织3针上针，加1针上针，织3针下针。

- 第2行（反面）：织3针上针，4针下针，重复花边编织图2的花样直到最后3针，织3针上针。

- 按照设定好的花样继续编织，将花边编织图2上显示的12行编织1次（共织12行）。

- 松松地收针。

袖子

- 将袖子上的66（70,76,80,82,84）针从防解别针上移到双头棒针上。

- 第1圈：袖子的66（70,76,80,82,84）针织下针，在身片的腋窝处挑针并起针8（14,16,24,32,42）针。袖子共织74（84,92,104,114,126）针。

- 正面全织下针，再多织23（23,26,26,30,30）行。

- 下一圈，均匀地减少2（0,2,2,0,0）针。

开始织花样

- 第1圈：【织5针下针，1针上针】织整圈。

- 重复29次第1圈的织法。

开始织罗纹针

- 换成稍小号的棒针。

- 第1圈：【织3针下针，3针上针】织整圈。

- 重复35（41,41,43,40,40）次第1圈的织法。

- 再换回大号的棒针。

开始按照花边编织图编织

- 将花边编织图1上显示的12行编织2次（共织24行），然后将花边编织图2上显示的12行编织1次（共织12行）。

- 松松地收针。

纽扣前襟

右前片

· 用稍小号的棒针，将织片正面朝向编织者，从下摆的边开始，每3行挑针并织2针下针。

· 第1行（反面）：织下针。

· 第2行（正面）：织下针，用收2针的方法每2英寸/5厘米做1个扣眼。

· 第3行：织下针，在收2针做扣眼的位置上方，起2针。

· 第4行：织下针。

· 收针。

左前片

· 用稍小号的棒针，将织片正面朝向编织者，从左领口的边开始，挑针并织下针，下针的针数与右前片前襟的挑针数一致。

· 织4行平针。

· 收针。

收尾

· 藏线头。

· 整烫。

· 钉扣子。

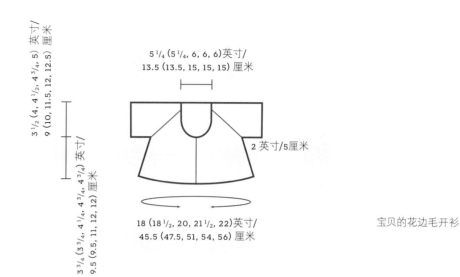

5 1/4 (5 1/4, 6, 6, 6)英寸/
13.5 (13.5, 15, 15, 15) 厘米

3 1/2 (4, 4 1/2, 4 3/4, 5) 英寸/
9 (10, 11.5, 12, 12.5)厘米

3 3/4 (3 3/4, 4 1/4, 4 3/4, 4 3/4) 英寸/
9.5 (9.5, 11, 12, 12) 厘米

2 英寸/5厘米

18 (18 1/2, 20, 21 1/2, 22)英寸/
45.5 (47.5, 51, 54, 56) 厘米

宝贝的花边毛开衫

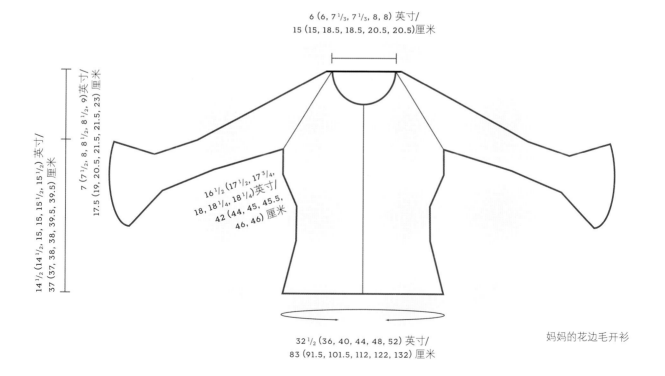

6 (6, 7 1/3, 7 1/3, 8, 8) 英寸/
15 (15, 18.5, 18.5, 20.5, 20.5)厘米

14 1/2 (14 1/2, 15, 15, 15 1/2, 15 1/2) 英寸/
37 (37, 38, 38, 39.5, 39.5)厘米

7 (7 1/2, 8, 8 1/2, 8 1/2, 9) 英寸/
17.5 (19, 20.5, 21.5, 21.5, 23) 厘米

16 1/2 (17 1/2, 17 3/4,
18, 18 1/4, 18 1/4)英寸/
42 (44, 45, 45.5,
46, 46) 厘米

32 1/2 (36, 40, 44, 48, 52) 英寸/
83 (91.5, 101.5, 112, 122, 132) 厘米

妈妈的花边毛开衫

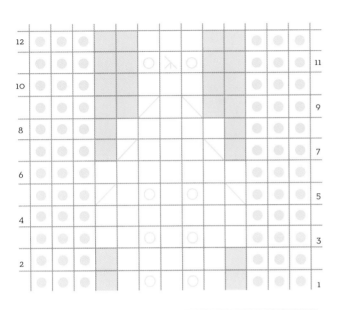

	正面织下针 反面织上针			右下2针并1针
●	正面织上针 反面织下针			左下2针并1针
	无针，直接跳到编 织图的下一格			右下3针并1针
○	挂针			

	正面织下针 反面织上针			右下2针并1针
●	正面织上针 反面织下针			左下2针并1针
	无针，直接跳到编 织图的下一格			右下3针并1针
○	挂针			

宝贝的花边罗纹针编织图

- 第1行（正面）：织3针上针，1针下针，挂针，1针下针，挂针，1针下针，3针上针。
- 第2行（反面）：织3针下针，5针上针，3针下针。
- 第3行：织3针上针，2针下针，挂针，1针下针，挂针，2针下针，3针上针。
- 第4行：织3针下针，7针上针，3针下针。
- 第5行：织3针上针，右下2针并1针，1针下针，挂针，1针下针，挂针，1针下针，左下2针并1针，3针上针。
- 第6行：织3针下针，7针上针，3针下针。
- 第7行：织3针上针，右下2针并1针，3针下针，左下2针并1针，3针上针。
- 第8行：织3针下针，5针上针，3针下针。
- 第9行：织3针上针，右下2针并1针，1针下针，右下2针并1针，3针上针。
- 第10行：织3针下针，3针上针，3针下针。
- 第11行：织3针上针，挂针，右下3针并1针，挂针，3针上针。
- 第12行：织3针下针，3针上针，3针下针。

宝贝的袖子花边编织图

- 第1行（正面）：织3针上针，1针下针，挂针，1针下针，挂针，1针下针。
- 第2行（反面）：织5针上针，3针下针。
- 第3行：织3针上针，2针下针，挂针，1针下针，挂针，2针下针。
- 第4行：织7针上针，3针下针。
- 第5行：织3针上针，右下2针并1针，1针下针，挂针，1针下针，挂针，1针下针，左下2针并1针。
- 第6行：织7针上针，3针下针。
- 第7行：织3针上针，右下2针并1针，3针下针，左下2针并1针。
- 第8行：织5针上针，3针下针。
- 第9行：织3针上针，右下2针并1针，1针下针，左下2针并1针。
- 第10行：织3针上针，3针下针。
- 第11行：织3针上针，挂针，右下3针并1针，挂针。
- 第12行：织3针上针，3针下针。

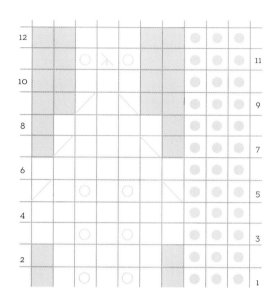

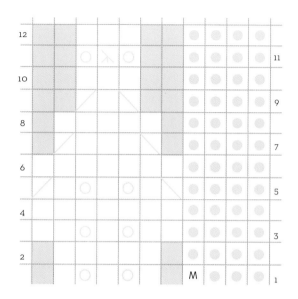

	正面织下针 反面织上针		右下2针并1针
●	正面织上针 反面织下针		左下2针并1针
	无针，直接跳到编织 图的下一格		右下3针并1针
○	挂针		

	正面织下针 反面织上针		右下2针并1针
●	正面织上针 反面织下针		左下2针并1针
	无针，直接跳到编织 图的下一格		右下3针并1针
○	挂针	M	加1针

妈妈的花边编织图1

- 第1行（正面）：织3针上针，1针下针，挂针，1针下针，挂针，1针下针。
- 第2行（反面）：织5针上针，3针下针。
- 第3行：织3针上针，2针下针，挂针，1针下针，挂针，2针下针。
- 第4行：织7针上针，3针下针。
- 第5行：织3针上针，右下2针并1针，1针下针，挂针，1针下针，挂针，1针下针，左下2针并1针。
- 第6行：织7针上针，3针下针。
- 第7行：织3针上针，右下2针并1针，3针下针，左下2针并1针。
- 第8行：织5针上针，3针下针。
- 第9行：织3针上针，右下2针并1针，1针下针，左下2针并1针。
- 第10行：织3针上针，3针下针。
- 第11行：织3针上针，挂针，右下3针并1针，挂针。
- 第12行：织3针上针，3针下针。

妈妈的花边编织图2

- 第1行（正面）：织3针上针，加1针，1针下针，挂针，1针下针，挂针，1针下针。
- 第2行（反面）：织5针上针，4针下针。
- 第3行：织4针上针，2针下针，挂针，1针下针，挂针，2针下针。
- 第4行：织7针上针，4针下针。
- 第5行：织4针上针，右下2针并1针，1针下针，挂针，1针下针，挂针，1针下针，左下2针并1针。
- 第6行：织7针上针，4针下针。
- 第7行：织4针上针，右下2针并1针，3针下针，左下2针并1针。
- 第8行：织5针上针，4针下针。
- 第9行：织4针上针，右下2针并1针，1针下针，左下2针并1针。
- 第10行：织3针上针，4针下针。
- 第11行：织4针上针，挂针，右下3针并1针，挂针。
- 第12行：织3针上针，4针下针。

2

冲浪
女孩T恤

　　这款休闲T恤的线材来自于奢华的混纺毛线: 由骆驼毛、美利奴羊毛和真丝混纺而成的毛线, 集柔软与温暖于一身。当在海滨旅游时, T恤前面随意编织的袋鼠口袋便于携带小鹅卵石、海玻璃或纸巾, 装小零食也非常方便哦。

　　宝贝的款式是短袖, 想要织成长袖的话, 只需要用上下针织法均匀地织上袖子, 织到您想要的长度, 然后加上桂花针的饰边花纹就行了。T恤的前片也很出彩: 这种扭花的纵向镂空柱很好编织, 在视觉上则形成非常醒目的扭花镂空网眼。

宝贝的冲浪女孩T恤

材料

毛线

Conjoined Creations Icon（15%骆驼毛，15%真丝，70%美利奴羊毛；每团50克，90米）橘粉色，使用5（6,7,8）团

编织针

美国7号（直径4.5毫米）24英寸/60厘米环形针、双头棒针，或需要的与密度相配的其他型号的针
美国5号（直径3.75毫米）24英寸/60厘米环形针、双头棒针

常用工具

织补针
6个记号圈
2个防解别针或几根废线

密度

上下针织法，每4英寸×4英寸/10厘米×10厘米范围内织18针，24行

尺寸 ◇　图片毛衣显示的尺寸：8码

尺码	4	6	8	10
合身胸围（英寸）	23	25	27	28
合身胸围（厘米）	58.5	63.5	68.5	71

成衣尺寸

胸围（英寸）	$25\frac{3}{4}$	$27\frac{1}{2}$	$29\frac{1}{4}$	31
胸围（厘米）	65.5	70	74.5	79
长度（英寸）	15	$16\frac{1}{2}$	18	$19\frac{3}{4}$
长度（厘米）	38	42	45.5	50.5

编织方法 ◇

注意：衣服的上部是一行行地来回编织出育克开口，然后将织片连起来，开始圈编。在记号圈的每一边做插肩造型。

育克（过肩）

- 起针60（60,72,72）针。

- 编织边缘的针目，如下放置插肩造型的记号圈：

- 插肩袖组合行（反面）：织5针下针（边缘编织的针目——保持织平针），前片织6(6,8,8)针上针，放记号圈；袖子织8(8,10,10)针上针，放记号圈；后片织22（22,26,26）针上针，放记号圈；袖子织8(8,10,10)针上针，放记号圈；织6(6,8,8)针上针，前片织5针下针（边缘编织的针目）。

- 第1行（正面）：织5针下针（边缘编织的针目），3针下针，镂空柱织【挂针，右下3针并1

针,挂针】(见第30页镂空柱的编织图),*织下针直到记号圈前的那一针,在同一针目织下针与扭针进行加针,将记号圈移到另一棒针,在同一针目织下针与扭针进行加针;从*开始重复织3次,织下针直到最后11针,织【挂针,右下3针并1针,挂针】,织下针直到结束——共加针8针:每个前片1针,每个袖子2针,后片2针。

- 第2行:织5针下针,织上针直到最后5针,织5针下针。

- 在每个前片保持平针的边缘编织和镂空柱编织,剩下的针目用上下针织法编织,重复17(19,19,21)次第1、2行的织法,在反面行结尾。每个前片29(31,33,35)针,后片58(62,66,70)针,每个袖子44(48,50,54)针;总计204(220,232,248)针。

分开的袖子与身片的组合

- 下一行(正面):当您织到记号圈的时候,将多余的记号圈去掉;在前片的中间部位以及在每个后片与前片之间的腋窝的中间放置记号圈,用于表示圈编的开始。具体编织方法如下:前片29(31,33,35)针下针;将接着的44(48,50,54)针袖子上的针目穿在防解别针上,放记号圈,将58(62,66,70)针后片的针目织下针,放记号圈,将接着的44(48,50,54)针袖子上的针目穿在防解别针上,将29(31,33,35)针前片的针目织下针,放记号圈(放在前片的中间)——身片总计116(124,132,140)针。在圈编的时候将它们连在一起。

身片

- 在前片的中间位置终止平针的边缘编织,在剩下的身片中,用上下针织法编织这些针目。每隔一圈继续织镂空柱,每隔一圈将这些针目织下针,剩余的针目用上下针织法编织。

- 接着的48(54,60,66)圈以相同花样继续编织,不另外加减针。从腋窝处开始量,身片尺寸大概是8(9,10,11)英寸/20.5

(23,25.5,28)厘米。

下边缘

- 织下针,织到袖窿下面,织左下2针并1针。

- 换成较小的针,织6(6,10,10)圈桂花针(见第30页桂花针的编织图)。

- 将花样中的所有针目收针。

袖子
(两只袖子编织方法相同)

- 将44(48,50,54)针袖子上的针目从防解别针上移到环形针或双头棒针上。为了进行圈编将它们连在一起;在腋窝的中心放置记号圈作为圈编的开始。换成较小的针,织左下2针并1针,织6(6,10,10)圈桂花针。

- 将花样中的所有针目收针。

口袋

- 起针28(28,32,32)针。

- 第1行(反面):织5针下针作为平针的边缘编织,织上针直到最后5针,织5针下针作为平针的边缘编织。

- 第2行:织下针。

- 重复5(5,9,9)次第1、2行的织法,然后再织1次第1行。

- 下一行(加针行)(正面):织5针下针,右挑针加针,织下针直到最后5针,左挑针加针,织5针下针。一共增加2针。

- 下一行(反面):织5针下针,织上针直到最后5针,织5针下针。

- 上述2行的织法再重复4次,织38(38,42,42)针。

- 以相同花样继续织6（6,10,10）行，不另外加减针。边缘编织的针目保持织平针，其他的针目全织下针。收针。

收尾

- 如果需要的话，将腋窝的接缝缝合起来。

- 加上口袋，注意将它放在前片下部中间位置。

- 藏线头。

镂空柱的编织图

○	挂针
⋏	右下3针并1针

桂花针的编织图

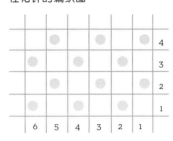

□	正面织下针，反面织上针
●	正面织上针，反面织下针

（绘图/李玉珍）

妈妈的冲浪女孩T恤

材料

毛线
Conjoined Creations Icon (15%
骆驼毛, 15%真丝, 70%美利奴羊
毛; 每团50克, 90米)
海蓝色, 使用9 (9,10,11,12,13) 团

编织针
美国7号 (直径4.5毫米) 24英
寸/60厘米环形针、双头棒针,
或需要的与密度相配的其他型
号的针
美国5号 (直径3.75毫米) 24英
寸/60厘米环形针、双头棒针

常用工具
织补针
6个记号圈
2个防解别针或几根废线

密度
上下针织法, 每4英寸×4英
寸/10厘米×10厘米范围内
织18针, 24行

尺寸 ◇ 图片毛衣显示的尺寸: S号 (34码)

尺码	XS	S	M	L	XL	XXL
合身胸围 (英寸)	30	34	38	42	46	50
合身胸围 (厘米)	76	86.5	96.5	106.5	117	127

成衣尺寸

	XS	S	M	L	XL	XXL
胸围 (英寸)	32½	36	40	44	48	52
胸围 (厘米)	82.5	91.5	101.5	112	122	132
长度 (英寸)	22½	23½	24½	25	25½	26½
长度 (厘米)	57.5	59.5	62.5	63.5	64.5	67.5

编织方法 ◇

注意: 该款毛衣是一行行地来回编织出育克开口, 然后再将织片连起来, 开始圈织。在记号圈的每一边做插肩造型。

育克 (过肩)

· 起针80 (80,86,86,98,98) 针。

· 编织边缘的针目, 如下放置插肩造型的记号圈:

· 插肩袖组合行 (反面): 织5针下针作为平针的边缘编织, 前片织10 (10,11,11,13,13) 针上针, 放记号圈; 袖子织10 (10,11,11,13,13) 针上针, 放记号圈; 后片织30 (30,32,32,36,36) 针上针, 放记号圈; 袖子织10 (10,11,11,13,13) 针上针, 放记号圈; 织10 (10,11,11,13,13) 针上针, 前片织5针上针 (平针的边缘编织)。

· 第1行 (正面): 织5针下针 (边缘编织的针目), 5针下针, 镂空柱织【挂针, 右下3针并1 针, 挂针】, *织下针直到记号圈前的那一针, 在同一针目织下针与扭针进行加针, 将记

号圈移到另一棒针，在同一针目织下针与扭针进行加针；从*开始重复织3次，织下针直到最后13针，织【挂针，右下3针并1针，挂针】，再织下针直到结束——共加针8针：每个前片1针，每个袖子2针，后片2针。

- 第2行：织5针下针，织上针直到最后5针，织5针下针。

- 重复20（22,23,25,25,26）次第1、2行的织法。保持平针的边缘编织和镂空柱编织，在反面行结尾。总计248（264,278,294,306,314）针：每个前片36（38,40,42,44,45）针，后片72（76,80,84,88,90）针，每个袖子52（56,59,63,65,67）针。

分开的袖子与身片的组合

- 下一行（正面）：当您织到记号圈的时候，将多余的记号圈去掉；在每个腋窝的中间以及前片的中间部位放置记号圈，用于表示圈编的开始。具体编织方法如下：前片织36（38,40,42,44,45）针下针；将接着的52（56,59,63,65,67）针袖子上的针目穿在防解别针上，用简易式起针法（线圈向后）起针：腋窝起1（5,10,15,20,27）针，将72（76,80,84,88,90）针后片的针目织下针，将接着的52（56,59,63,65,67）针袖子上的针目穿在防解别针上，腋窝起1（5,10,15,20,27）针，前片织36（38,40,42,44,45）针下针，放记号圈（放在前片的中间部位）——身片总计146（162,180,198,216,234）针。在圈编的时候将它们连在一起。

身片

- 在前片的中间位置终止平针的边缘编织，在剩下的身片中，用上下针法编织这些针目。每隔一圈继续织镂空柱，每隔一圈将这些针目织下针，剩余的针目用上下针法编织。

- 接着从78（81,84,84,87,90）圈或从比总要求长度少2.5英寸/6厘米的地方开始以相同花样继续编织，不另外加减针。从腋窝处量，身片尺寸是13（13^1/$_2$,14,14,14^1/$_2$,15）英寸/33（34,35.5,35.5,37,38）厘米。

下边缘

- 织下针，直到袖窿下面。

- 换成较小的针，织左下2针并1针，织14圈桂花针。

- 将花样中的所有针目收针。

袖子

（两只袖子编织方法相同）

- 将52（56,59,63,65,67）针袖子上的针目从防解别针上移到环形针上或双头棒针上。在腋窝处挑针并起针1（5,10,15,20,27）针——53（61,69,78,85,94）针。为了进行圈编将它们连在一起；在腋窝的中心放置记号圈，作为圈编的开始。用上下针织法织86（93,96,98,98,98）圈——14^1/$_4$（15^1/$_2$,16,16^1/$_4$,16^1/$_4$,16^1/$_4$）英寸/36（39.5,40.5,41,41,41）厘米。

袖口

- 换成较小的针，织14圈桂花针。

- 将花样中的所有针目收针。

口袋（可选）

- 从头至尾，最前面5针和最后面5针都保持织平针。

- 起36针。

- 第1行（反面）：织5针下针作为平针的边缘编织，织上针直到最后5针，织5针下针作为边缘编织。

- 第2行：织下针。

- 重复12次第1、2行的织法，然后再织1次第1行。

- 下一行（加针行）（正面）：织5针下针，右挑针加针，织下针直到最后5针，左挑针加针，织5针下针。一共增加2针。

- 下一行 (反面) : 织5针下针, 织上针直到最后5针, 织5针下针。

- 上述2行的织法再重复4次, 共46针。

- 以相同花样继续织15行, 不另外加减针。边缘编织的针目保持织平针。收针。

领口饰边

- 用较小的针, 将织片正面朝向编织者, 从右前片的衣领开始编织, 领口周围的每个加针都要挑针并织1针下针。

- 第1行 (反面) : 织下针。

- 第2行: 织下针。

- 松松地收针。

收尾

- 藏线头。

- 如果需要的话, 将腋窝的接缝缝合起来。

- 加上口袋, 注意将它放在前片下部中间位置。

13 1/4 (13 1/4, 16, 16) 英寸/
33.5 (33.5, 40.5, 40.5) 厘米

6 (6 1/2, 6 1/2, 7 1/4) 英寸/
15 (16.5, 16.5, 18.5) 厘米

9 (10, 11 1/2, 12 1/2) 英寸/
23 (25.5, 29, 32) 厘米

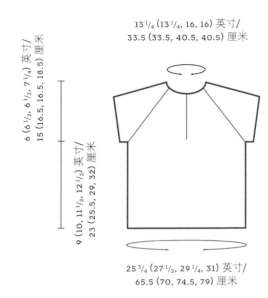

25 3/4 (27 1/2, 29 1/4, 31) 英寸/
65.5 (70, 74.5, 79) 厘米

宝贝的冲浪女孩T恤

17 3/4 (17 3/4, 19, 19, 21 3/4, 21 3/4) 英寸/
45 (45, 48, 48, 55, 55) 厘米

7 (7 1/2, 8, 8 1/2, 8 1/2, 9) 英寸/
18 (19, 20.5, 21.5, 21.5, 23) 厘米

16 (17 1/2, 18, 18 1/4, 18 1/4, 18 1/4) 英寸/
40.5 (44.5, 45.5, 46.5, 46.5, 46.5) 厘米

15 1/2 (16, 16 1/2, 16 1/2, 17, 17 1/2) 英寸/
39.5 (40.5, 42, 42, 43, 44.5) 厘米

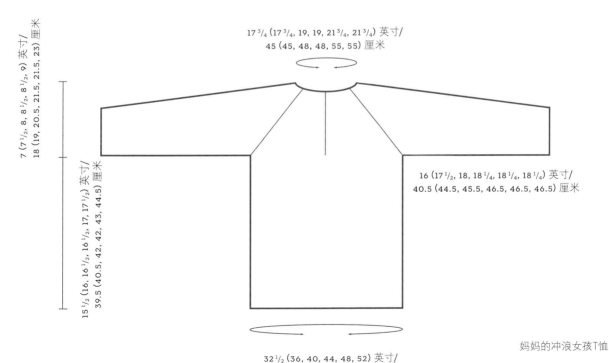

32 1/2 (36, 40, 44, 48, 52) 英寸/
82.5 (91.5, 101.5, 112, 122, 132) 厘米

妈妈的冲浪女孩T恤

3

麻花毛开衫

这款毛开衫是对经典麻花样式的改良。麻花样式本身很传统，但是开衫的造型让它们看起来很时髦。在宝贝的麻花开衫中，您可以在腰部装饰褶皱；在妈妈的麻花开衫中，您可以设计臀部造型。方法很简单，只要在麻花之间增加一定数量的针目就可以了。用厚而松软的免烫毛线编织，这两款毛开衫织起来很快，也易于打理。

宝贝的麻花毛开衫

材料

毛线

Berroco Vintage Chunky（50%
聚丙烯腈纤维，40%羊毛，10%尼
龙；每团100克，202米）
黄绿色，使用2（2,2,3,3）团

编织针

美国9号（直径5.5毫米）24英
寸/60厘米环形针、双头棒针，
或需要的与密度相配的其他型
号的针
美国7号（直径4.5毫米）24英
寸/60厘米环形针

常用工具

4颗直径约2厘米的纽扣
织补针
4个同样颜色的记号圈，用于插
肩袖的接缝
12个对比色的记号圈，用于织麻
花花样
2个防解别针或几根废线

密度

用较大号的棒针，平针织法，每
4英寸×4英寸/10厘米×10厘米
范围内
织14针，24行

尺寸 ◇　图片毛衣显示的尺寸：6个月

尺码（月龄）	3	6	12	18	24
合身胸围（英寸）	16	17	18	19	20
合身胸围（厘米）	40.5	43	45.5	48.5	51

成衣尺寸

胸围（英寸）	18	19½	22	23	24
胸围（厘米）	45.5	49.5	56	58.5	61
长度（英寸）	10	10½	12¾	14¾	17¼
长度（厘米）	25.5	27	32	37.5	44

编织方法 ◇

育克（过肩）

- 这款毛开衫是用平针编织的，沿着两个前片的边，您应该分别织1次麻花花样1，在每个
袖子的中间，也应该分别织1次麻花花样1，沿着后片的中间向下，织2次麻花花样1。

- 用稍大号的环形针，起28（32,40,40,40）针，为了做插肩袖的造型，如下放置4个记号
圈：在前片起针5（6,7,7,7）针，放记号圈；袖子起针4（4,6,6,6）针，放记号圈；后片起针
10（12,14,14,14）针，放记号圈；袖子起针4（4,6,6,6）针，放记号圈；前片起针5（6,7,7,7）
针。

- 第1行、第3行和第5行（正面）：【织下针直到记号圈前的那一针，在同一针目织下针与
扭针进行加针，将记号圈移到另一棒针，在同一针目织下针与扭针进行加针】重复织4

次，织下针直到结束。每行加针8针：每个前片加1针，每个袖子加2针，后片加2针；在第5行后总计52(56,64,64,64)针：每个前片是8(9,10,10,10)针，每个袖子是10(10,12,12,12)针，后片是16(18,20,20,20)针。

- 第2行和第4行：织下针。

创建麻花花样

- 使用对比色记号圈，从麻花花样1的第2行开始编织（见第46页宝贝的麻花花样编织图1），如下编织：

- 第6行（反面）：织2针下针，放麻花记号圈，接着的6针织麻花花样，放麻花记号圈，织0(1,2,2,2)针下针，将记号圈移到另一棒针；织2(2,3,3,3)针下针，放麻花记号圈，织麻花花样，放麻花记号圈，织2(2,3,3,3)针下针，将记号圈移到另一棒针；织1(2,3,3,3)针下针，放麻花记号圈，织麻花花样，放麻花记号圈，织2针下针，放麻花记号圈，织麻花花样，放麻花记号圈，织1(2,3,3,3)针下针，将记号圈移到另一棒针；织2(2,3,3,3)针下针，放麻花记号圈，织麻花花样，放麻花记号圈，织2(2,3,3,3)针下针，将记号圈移到另一棒针；织0(1,2,2,2)针下针，放麻花记号圈，织麻花花样，放麻花记号圈，织2针下针。

- 第7行（正面）：当遇到2个麻花记号圈之间的麻花花样1的时候，在下一行织麻花花样1，其余的针目织下针，*一直织到插肩袖记号圈前的那一针，在同一针目织下针与扭针进行加针，将记号圈移到另一棒针，在同一针目织下针与扭针进行加针，从*开始重复织3次，一直织到行的结束，共加针8针；该行共计60(64,72,72,72)针。

- 第8行（反面）：继续织平针，不另外加减针。在每对麻花记号圈之间，按照创立的麻花花样，在下一行织麻花花样1。

- 重复7(7,8,9,10)次第7、8行的织法：每个前片16(17,19,20,21)

针，每个袖子26(26,30,32,34)针，后片32(34,38,40,42)针；共计116(120,136,144,152)针。

将袖子从身片分开

- 下一行（正面）：继续按照创立的麻花花样编织，在前片织16(17,19,20,21)针，将袖子上的26(26,30,32,34)针穿在防解别针上，后片织32(34,38,40,42)针，将袖子上的26(26,30,32,34)针穿在防解别针上，将前片剩下的针目织16(17,19,20,21)针：身片共64(68,76,80,84)针。注意袖子上的麻花花样的最后一圈。

身片

- 织到麻花花样的第4行，然后将麻花花样的4行再织0(0,1,1,2)次。

创建额外的麻花花样

- 下一行（麻花花样1的第1行）（正面）：织2针下针，按照设计好的花样，接着的6针织麻花花样1，织2针下针，织麻花花样1，织下针直到后片麻花花样前的8针，织麻花花样1，织2针下针，织麻花花样1，织2针下针，织麻花花样1，织2针下针，织麻花花样1，织下针直到前片麻花花样前的8针，织麻花花样1，织2针下针，织麻花花样1，织2针下针：增加了4个麻花花样；共计8个麻花花样。

- 按照既有的花样继续织3(7,11,11,15)行，不另外加减针，在麻花花样1的第4行结束。

换成麻花花样2

- 从现在开始，这8个麻花花样您将织麻花花样2，而不是织麻花花样1（见第46页宝贝的麻花花样编织图2）。

- 下一行：织2针下针，织麻花花样2的第1行，织2针下针，织麻花花样2，织下针直到下一个麻花花样，织麻花花样2，织2针下针，织麻花花样2，织2针下针，织麻花花样2，织2针下针，织麻花花样2，织下针直到下一个麻花花样，织麻花花样2，织2针下针，织麻花花样2，织2针下针。

- 按照既有的花样编织，重复1次第2~14行的织法，然后再重复2（2,3,5,7）次第11~14行（在编织图中显示的加框区）的织法。

- 收针。

袖子

- 将26（26,30,32,34）针移到环形针或双头棒针上，连成环状；放记号圈，作为圈编的开始。

- 继续按照既有的花样编织（麻花花样1和平针），以相同花样继续织，不另外加减针，直到从腋窝处开量，袖子的尺寸是6（6$^1/_2$,7$^1/_2$,8,8$^1/_2$）英寸/15.5（16.5,19,20.5,21.5）厘米为止。终止麻花花样编织。

袖口

- 收针。

纽扣前襟

右侧扣眼前襟

- 将织片正面朝向编织者，用较大的棒针，从右前片下面的边开始，每2行挑针，织1针下针，在右前片向上织，直到衣领的边。

扣眼

- 第1行（反面）：织2针下针，【收2针做扣眼，织3针下针】重复织4次，织下针到结束。

- 第2行：织下针，从上一行每个收2针的针目上方，起针2针。

- 松松地将所有针目收针。

左侧纽扣前襟

- 将织片正面朝向编织者，用较大的棒针，从左前片衣领的边开始，每2行挑针，织1针下针，在左前片向下织，直到下面的边。织2行下针。

- 松松地将所有针目收针。

收尾

- 藏线头，钉纽扣。如果需要的话，缝合腋窝。

- 整烫到要求的长度。

注意：平针易于整烫。如果您织的行过密或过稀，当您需要将毛衣拉伸或者收缩到目标长度时，您应当在毛衣上稍微喷些水。

妈妈的麻花毛开衫

材料

毛线

Berroco Vintage Chunky（50%聚丙烯腈纤维，40%羊毛，10%尼龙；每团100克，202米）黄绿色，使用6（6,7,7,8,9,9）团

编织针

美国9号（直径5.5毫米）24英寸/60厘米环形针、双头棒针，或需要的与密度相配的其他型号的针

美国7号（直径4.5毫米）24英寸/60厘米环形针

常用工具

6颗直径约2厘米的纽扣

织补针

4个同样颜色的记号圈，用于插肩袖的接缝

12个对比色的记号圈，用于织麻花花样

2个防解别针或几根废线

密度

用较大号的棒针，平针织法，每4英寸×4英寸/10厘米×10厘米范围内

织14针，24行

尺寸 ◇ 图片毛衣显示的尺寸：M号（36码）

尺码	XS	S	M	L	XL	XXL	XXXL
合身胸围（英寸）	28	32	36	40	44	48	52
合身胸围（厘米）	71	81.5	91.5	101.5	112	122	132

成衣尺寸

	XS	S	M	L	XL	XXL	XXXL
胸围（英寸）	28½	32	36½	40	44½	48	53
胸围（厘米）	72.5	81.5	93	101.5	113	122	133.5
长度（英寸）	17½	19	20	21½	23	23¾	24½
长度（厘米）	44.5	48.5	50	53.5	58.5	60	62

编织方法 ◇

领子

· 使用较大的环形针，起针46（46,58,58,58,70,70）针。

· 第1~5行：织下针（平针）。

· 插肩袖组合行（反面）：前片织8（8,10,10,10,12,12）针下针，放记号圈；袖子织7（7,9,9,9,11,11）针下针，放记号圈；后片织16（16,20,20,20,24,24）针下针，袖子织7（7,9,9,9,11,11）针下针，前片织8（8,10,10,10,12,12）针下针。

育克

· 第1行：加针行(正面)：【织下针直到记号圈前的那一针，在同一针目织下针与扭针进行加针，将记号圈移到另一棒针，在同一针目织下针与扭针进行加针】重复织4次，织下针直到结束。共加针8针：每个前片加1针，每个袖子加2针，后片加2针。

创建麻花花样

- 使用对比色记号圈，从麻花花样1的第2行开始编织（见第47页妈妈的麻花花样编织图1），如下编织：

- 第2行（反面）：织2针下针，放麻花记号圈，接着的7针织麻花花样1，放麻花记号圈，织0（0,2,2,2,4,4）针下针；将记号圈移到另一棒针，织1（1,2,2,2,3,3）针下针，放麻花记号圈，织麻花花样1，放麻花记号圈，织1（1,2,2,2,3,3）针下针；将记号圈移到另一棒针，织0（0,2,2,2,4,4）针下针，放麻花记号圈，织麻花花样1，放麻花记号圈，织4针下针，放麻花记号圈，织麻花花样1，放麻花记号圈，织0（0,2,2,2,4,4）针下针；将记号圈移到另一棒针，织1（1,2,2,2,3,3）针下针，放麻花记号圈，织麻花花样1，放麻花记号圈，织1（1,2,2,2,3,3）针下针；将记号圈移到另一棒针，织0（0,2,2,2,4,4）针下针，放麻花记号圈，织麻花花样1，放麻花记号圈，织2针下针。

仅适用于XS号和S号

- 下一行（正面）：按照既有的花样在麻花记号圈之间编织麻花花样1的下一行，其余的针目织平针，一直织到第一个插肩袖记号圈，加1针；【将记号圈移到另一棒针，在同一针目织下针与扭针进行加针，按照既有花样编织直到下一个插肩袖记号圈前的那一针，在同一针目织下针与扭针进行加针】重复织3次；将记号圈移到另一棒针，加1针，按照既有花样编织直到结束。共增加8针：每个前片加1针，每个袖子加2针，后片加2针。

- 下一行：以相同花样继续编织，不另外加减针，在麻花记号圈之间织麻花花样。

所有其他尺码

- 第3行：加针行（正面）：按照既有的花样在麻花记号圈之间编织麻花花样1的下一行，其余的针目织平针，【一直织到插肩袖记号圈前的那一针，在同一针目织下针与扭针进行加针，将记号圈移到另一棒针，在同一针目织下针与扭针进行加针】重复织4次，按照既有花样编织直到结束。共增加8针：每个前片加1

针，每个袖子加2针，后片加2针。

- 第4行（反面）：以相同花样继续编织，不另外加减针，将记号圈移到另一棒针，按照既有的花样在麻花记号圈之间编织麻花花样1的下一行，其余的针目织平针——共计62（62,74,74,74,86,86）针。

- 重复14（17,20,23,27,25,22）次第3、4行的织法——共计182（206,234,258,290,286,262）针：每个前片25（28,32,35,39,39,36）针，后片50（56,64,70,78,78,72）针，每个袖子41（47,53,59,67,65,59）针。

仅适用于XXL号和XXXL号

- 多织3（10）行，继续织麻花花样，在每一行的插肩袖记号圈处加针，在正面行和反面行的记号圈之前和之后在同一针目织下针与扭针进行加针——共310（342）针：每个前片42（46）针，后片84（92）针，每个袖子71（79）针。仅适用于XXL号：多织1行反面行，不需要加针。织片的尺寸大概6（7,8,9,10,10,10）英寸/15（18,19.5,22,25.5,25.5,25.5）厘米。

分开的袖子与身片的组合（所有尺码）

- 按照既有花样（麻花花样和平针）继续编织，前片织25（28,32,35,39,42,46）针，将袖子的41（47,53,59,67,71,79）针穿在防解别针上，后片织50（56,64,70,78,84,92）针，将袖子的41（47,53,59,67,71,79）针穿在防解别针上；织前片剩下的25（28,32,35,39,42,46）针——身片共织100（112,128,140,156,168,184）针。

身片

- 以相同花样继续编织，不另外加减针，织到麻花花样1的第4行，然后将麻花花样的4行多织1（2,2,2,2,2,2）次。

开始织额外的麻花花样

- 织2针下针,跨过7针织麻花花样1,织4针下针,织麻花花样1,织下针到后片麻花花样前的11针,【织麻花花样1,织4针下针】重复织3次,织麻花花样1,织下针到前片麻花花样前的11针,织麻花花样1,织4针下针,织麻花花样1,织2针下针。现在,每个前片已经创建了2个麻花花样,后片有4个麻花花样。

- 剩余的针目继续织平针,在每个麻花花样位置织4行麻花花样1,总计织4(4,4,4,5,5)次。

- 将每个麻花花样位置换成织麻花花样2(见第47页妈妈的麻花花样编织图2),重复1次第1~16行的织法,然后再重复5(5,5,5,6,6,7)次第13~16行的织法。

- 织10行平针。

- 收针。

袖子

- 将41(47,53,59,67,71,79)针移到环形针或者双头棒针上,连成环状。放记号圈,作为圈编的开始。织5圈平针。

- 收针。

纽扣前襟

右侧扣眼前襟

- 将织片正面朝向编织者,用较大的棒针,从右前片下面的边开始,每2行挑针,织1针下针,在右前片向上织,直到衣领的边。

扣眼

- 第1行(反面):织2针下针,【收2针做扣眼,织3针下针】重复织6次,织下针直到结束。

- 第2行:织下针,在上一行每个收2针做扣眼的针目上方,起针2针。

- 松松地将所有针目收针。

左侧纽扣前襟

- 将织片正面朝向编织者,用较大的棒针,从左前片衣领的边开始,每2行挑针,织1针下针,在左前片向下织,直到下面的边。织2行下针。

- 松松地将所有针目收针。

收尾

- 藏线头,钉纽扣。如果需要的话,缝合腋窝。

- 整烫到要求的长度。

注意:平针易于整烫。如果您织的行过密或过稀,当您需要将毛衣拉伸或者收缩到目标长度时,您应当在毛衣上稍微喷些水。

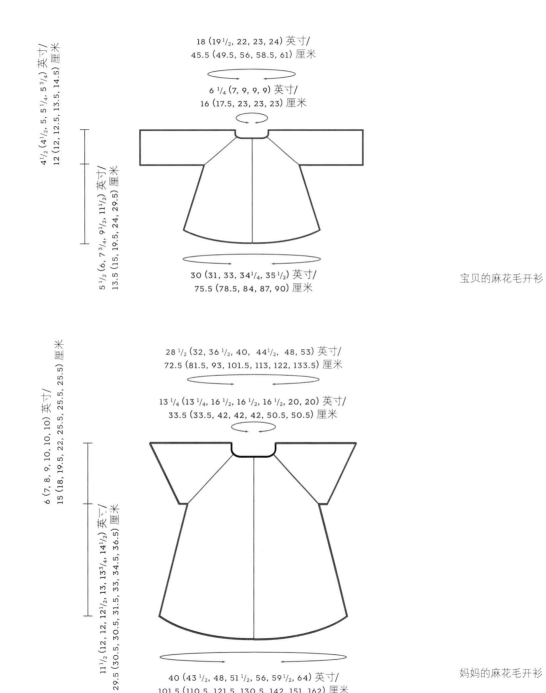

18 (19 1/2, 22, 23, 24) 英寸/
45.5 (49.5, 56, 58.5, 61) 厘米

6 1/4 (7, 9, 9, 9) 英寸/
16 (17.5, 23, 23, 23) 厘米

4 1/2 (4 1/2, 5, 5 1/4, 5 3/4) 英寸/
12 (12, 12.5, 13.5, 14.5) 厘米

5 1/2 (6, 7 3/4, 9 1/4, 11 1/2) 英寸/
13.5 (15, 19.5, 24, 29.5) 厘米

30 (31, 33, 34 1/4, 35 1/2) 英寸/
75.5 (78.5, 84, 87, 90) 厘米

宝贝的麻花毛开衫

28 1/2 (32, 36 1/2, 40, 44 1/2, 48, 53) 英寸/
72.5 (81.5, 93, 101.5, 113, 122, 133.5) 厘米

13 1/4 (13 1/4, 16 1/2, 16 1/2, 16 1/2, 20, 20) 英寸/
33.5 (33.5, 42, 42, 42, 50.5, 50.5) 厘米

6 (7, 8, 9, 10, 10, 10) 英寸/
15 (18, 19.5, 22, 25.5, 25.5, 25.5) 厘米

11 1/2 (12, 12, 12 1/2, 13, 13 3/4, 14 1/2) 英寸/
29.5 (30.5, 30.5, 31.5, 33, 34.5, 36.5) 厘米

40 (43 1/2, 48, 51 1/2, 56, 59 1/2, 64) 英寸/
101.5 (110.5, 121.5, 130.5, 142, 151, 162) 厘米

妈妈的麻花毛开衫

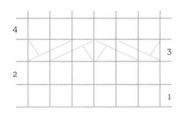

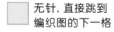

正面织下针
反面织上针

向左2针织1个麻花花样

向右2针织1个麻花花样

宝贝的麻花花样编织图1

- 第1行(正面): 织6针下针。
- 第2行(反面): 织6针上针。
- 第3行: 向左2针织1个麻花花样。向右2针织1个麻花花样。
- 第4行: 织6针上针。

加1针的编织图解

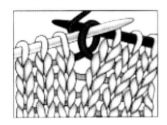

正面织下针
反面织上针

正面织上针
反面织下针

无针, 直接跳到
编织图的下一格

向左2针织1个麻花花样

向右2针织1个麻花花样

M 加1针(见左下方的编织
图解)

宝贝的麻花花样编织图2

- 第1行(正面): 织3针下针, 加1针, 织3针下针。
- 第2行(反面): 织3针上针, 1针下针, 3针上针。
- 第3行: 向左2针织1个麻花花样, 加1针, 织1针下针, 向右2针织1个麻花花样。
- 第4行: 织3针上针, 2针下针, 3针上针。
- 第5行: 织5针下针, 加1针, 织3针下针。
- 第6行: 织3针上针, 3针下针, 3针上针。
- 第7行: 向左2针织1个麻花花样, 加1针, 织3针下针, 向右2针织1个麻花花样。

- 第8行: 织3针上针, 4针下针, 3针上针。
- 第9行: 织7针下针, 加1针, 织3针下针。
- 第10行: 织3针上针, 5针下针, 3针上针。
- 第11行: 向左2针织1个麻花花样, 织5针下针, 向右2针织1个麻花花样。
- 第12行: 织3针上针, 5针下针, 3针上针。
- 第13行: 织11针下针。
- 第14行: 织3针上针, 5针下针, 3针上针。

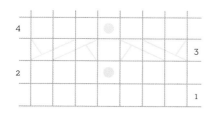

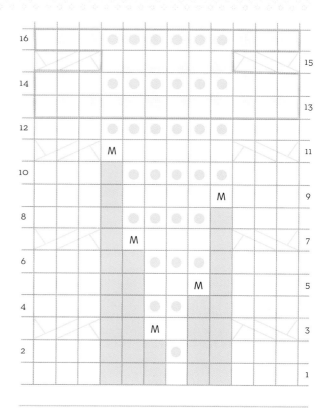

正面织下针
反面织上针

正面织上针
反面织下针

向左2针织1个麻花花样

向右2针织1个麻花花样

妈妈的麻花花样编织图1

- 第1行（正面）：织7针下针。

- 第2行（反面）：织3针上针，1针下针，3针上针。

- 第3行：向左2针织1个麻花花样，织1针下针，向右2针织1个麻花花样。

- 第4行：织3针上针，1针下针，织3个麻花花样。

正面织下针
反面织上针

正面织上针
反面织下针

无针，直接跳到
编织图的下一格

向左2针织1个麻花花样

向右2针织1个麻花花样

M 加1针

妈妈的麻花花样编织图2

- 第1行（正面）：织7针下针。

- 第2行（反面）：织3针上针，1针下针，3针上针。

- 第3行：向左2针织1个麻花花样，织1针下针，加1针，向右2针织1个麻花花样。

- 第4行：织3针上针，2针下针，3针上针。

- 第5行：织3针下针，加1针，织5针下针。

- 第6行：织3针上针，3针下针，3针上针。

- 第7行：向左2针织1个麻花花样，织3针下针，加1针，向右2针织1个麻花花样。

- 第8行：织3针上针，4针下针，3针上针。

- 第9行：织3针下针，加1针，织7针下针。

- 第10行：织3针上针，5针下针，3针上针。

- 第11行：向左2针织1个麻花花样，织5针下针，加1针，向右2针织1个麻花花样。

- 第12行：织3针上针，6针下针，3针上针。

- 第13行：织12针下针。

- 第14行：织3针上针，6针下针，3针上针。

- 第15行：向左2针织1个麻花花样，织6针下针，向右2针织1个麻花花样。

- 第16行：织3针上针，6针下针，3针上针。

4

经典毛开衫

这款毛开衫的妈妈装将经典的合身型（译者注：指美国人的体型）与简单的插肩袖造型结合起来，休闲的款式与任何衣服搭配都非常棒。还有一个设计亮点是，以反上下针织法为基底，在其上面加织精致的树叶图案嵌花，以此方式突出了领口、袖口和下摆。

可爱的宝贝装是用精纺绒线编织而成的。毛线的纤维含量（羊驼毛和美利奴羊毛）使毛衣非常柔软，来自竹子的纤维胶使得毛衣在多种磨损下也能保持形状。毛衣的育克织的是平针，所有的加针都是在正面行编织的。身片和袖子使用的是上下针织法，并用平针做装饰。来自妈妈装的树叶构思表现为宝贝装育克上的嵌花。您想要几个嵌花就做几个嵌花，可以将它们缝在任何您喜欢的地方。

宝贝的经典毛开衫

材料

毛线

The Fibre Company Canopy Fingering（20%竹纤维，50%小羊驼毛，30%美利奴羊毛；每团100克，91米）
浅粉色，使用1（2,2,2,2）团

编织针

美国2号（直径2.75毫米）24英寸/60厘米环形针、双头棒针

常用工具

6颗直径约2厘米的纽扣
织补针
4个同样颜色的记号圈
8个另一种颜色的记号圈，用于编织图案
2个防解别针或几根废线

密度

上下针织法，每4英寸×4英寸/10厘米×10厘米范围内织32针，44行

尺寸 ◇ 图片毛衣显示的尺寸：6个月

尺码（月龄）	3	6	12	18	24
合身胸围（英寸）	16	17	18	19	20
合身胸围（厘米）	40.5	43	45.5	48.5	51

成衣尺寸

胸围（英寸）	18	19	20	21	22
胸围（厘米）	45.5	48.5	51	53.5	56
到腋窝的长度（英寸）	7¼	8¼	8¾	9¼	10
到腋窝的长度（厘米）	18.5	21	22.5	23.5	25
总长度（英寸）	11	12¾	13½	14	15
总长度（厘米）	28	32.5	34.5	35.5	38

编织方法 ◇

育克

· 用环形针，起针74（74,86,96,96）针。

· 织平针。

· 第1行（反面）：织下针，如下放置记号圈：前片织14（14,16,18,18）针下针，放记号圈；袖子织9（9,11,12,12）针下针，放记号圈；后片织28（28,32,36,36）针下针，放记号圈；袖子织9（9,11,12,12）针下针，放记号圈；前片织14（14,16,18,18）针下针。

- 第2行（正面）：【织下针直到记号圈前的那一针，在同一针目织下针与扭针进行加针，将记号圈移到另一棒针，在同一针目织下针与扭针进行加针】重复织4次，织下针直到结束。

- 第3行：织下针。

- 重复20（22,23,23,25）次第2、3行的织法。每个前片35（37,40,42,44）针，每个袖子51（55,59,60,64）针，后片70（74,80,84,88）针，共计242（258,278,288,304）针。

将袖子从身片分开

- 前片的35（37,40,42,44）针织下针，将接着的袖子的51（55,59,60,64）针穿在防解别针上，稍后再织，在腋窝处起针2（2,0,0,0）针，后片的70（74,80,84,88）针织下针，将接着的袖子的51（55,59,60,64）针穿在防解别针上，稍后再织，在腋窝处起针2（2,0,0,0）针，前片的35（37,40,42,44）针织下针。身片共织144（152,160,168,176）针。

- 换成上下针织法，以相同花样继续编织，不另外加减针，共织66（77,83,88,94）行。

- 织20行平针。

- 松松地收针。

袖子

- 将袖子的51（55,59,60,64）针从防解别针上移到双头棒针上。重新接上线，挑针，织2（2,0,0,0）针下针，在身片的腋窝处起针，用上下针织法织56（61,78,82,82）圈。

- 织10圈平针。

- 松松地收针。

树叶嵌花
（见第58页的树叶图案嵌花编织图）

- 起针5针。

- 第1行（反面）：织上针。

- 第2行：织2针下针，挂针，织1针下针，挂针，织2针下针（共7针）。

- 第3行：织上针。

- 第4行：从针目后方穿入棒针，织左下2针并1针，织1针下针，挂针，织1针下针，挂针，织1针下针，左下2针并1针（共7针）。

- 第5行：织上针。

- 第6行：从针目后方穿入棒针，织左下2针并1针，织1针下针，挂针，织1针下针，挂针，织1针下针，左下2针并1针（共7针）。

- 第7行：织上针。

- 第8行：从针目后方穿入棒针，织左下2针并1针，织1针下针，挂针，织1针下针，挂针，织1针下针，左下2针并1针（共7针）。

- 第9行：织上针。

- 第10行：从针目后方穿入棒针，织左下2针并1针，织3针下针，左下2针并1针。

- 第11行：织上针。

- 第12行：从针目后方穿入棒针，织左下2针并1针，织1针下针，左下2针并1针。

- 第13行：织上针。

- 第14行：织左下3针并1针。

- 剪断挂线，将挂线穿过棒针上的最后1针，收针。

纽扣前襟

右前片

- 将织片正面朝向编织者，从下摆的边开始，在上下针织法部分每3行挑针并织2针下针，在平针织法部分每2行挑针并织1针下针。

- 第1行（反面）：织下针。

- 第2行（正面）：织下针，沿着行均匀地排列6个扣眼。用收2针的方法做出每个扣眼。

- 第3行：织下针，在每个收2针做扣眼的针目上方，起针2针。

- 第4行：织下针。

- 收针。

左前片

- 将织片正面朝向编织者，从左领口的边开始，挑针并织下针，下针的针数与右前片前襟的挑针数一致。

- 织4行平针。

- 收针。

收尾

- 藏线头，钉纽扣，视需要缝上树叶图案嵌花。

妈妈的经典毛开衫

材料

毛线
The Fibre Company Canopy
Worsted (20%竹纤维, 50%小羊
驼毛, 30%美利奴羊毛; 每团50
克, 91米)
李子红色, 使用9
(10,12,13,15,16)团

编织针
美国7号 (直径4.5毫米) 24英
寸/60厘米环形针、双头棒针

常用工具
7颗直径约2.5厘米的纽扣
织补针
4个同样颜色的记号圈
8个另一种颜色的记号圈, 用于
编织图案
2个防解别针或几根废线

密度
上下针织法, 每4英寸×4英
寸/10厘米×10厘米范围内
织18针, 24行

尺寸　　图片毛衣显示的尺寸: S号 (34码)

尺码	XS	S	M	L	XL	XXL
合身胸围 (英寸)	30	34	38	42	46	50
合身胸围 (厘米)	76	86.5	96.5	106.5	117	127

成衣尺寸

	XS	S	M	L	XL	XXL
胸围 (英寸)	32½	36	40	44	48	52
胸围 (厘米)	82.5	91.5	101.5	112	122	132
长度 (英寸)	24½	25	26	26½	26½	27
长度 (厘米)	62	64	65.5	67.5	67.5	68.5

编织方法

育克 (过肩)

· 从衣领开始。衣领织平针, 育克以反上下针织法编织, 树叶图案嵌花加织在两个前片和袖子处。一旦身片和袖子分开, 就改织上下针。下摆和纽扣前襟织平针。

· 起针80 (80,86,86,98,98) 针。

· 织5行下针作为平针的边缘编织。

· 第1行 (反面): 织下针, 如下放置记号圈: 织15 (15,16,16,18,18) 针下针, 放记号圈; 织10 (10,11,11,13,13) 针下针, 放记号圈; 织30 (30,32,32,36,36) 针下针, 放记号圈; 织10 (10,11,11,13,13) 针下针, 放记号圈; 织15 (15,16,16,18,18) 针下针。

· 第2行 (正面) (见第58页的树叶图案嵌花编织图): 织11 (11,12,12,14,14) 针上针, 放图案记号圈, 织树叶图案 (从编织图的第1行开始), 放图案记号圈, 在同一针目织下针与扭针进行加针, 将记号圈移到另一棒针, 在同一针目织下针与扭针进行加针, 放图案记

号圈，织树叶图案，放图案记号圈，【织上针直到记号圈前的那一针，在同一针目织下针与扭针进行加针，将记号圈移到另一棒针，在同一针目织下针与扭针进行加针】重复织2次，织6（6,7,7,9,9,）针上针，放图案记号圈，织树叶图案，放图案记号圈，在同一针目织下针与扭针进行加针，将记号圈移到另一棒针，在同一针目织下针与扭针进行加针，放图案记号圈，织树叶图案，放图案记号圈，织上针直到结束。

- 第3行（反面）：织下针，在图案记号圈之间跟着编织树叶图案。

- 第4行：织上针直到图案记号圈，将记号圈移到另一棒针，织树叶图案，将记号圈移到另一棒针，织上针直到插肩袖记号圈前的那一针，在同一针目织下针与扭针进行加针，将记号圈移到另一棒针，在同一针目织下针与扭针进行加针，织上针直到图案记号圈，将记号圈移到另一棒针，织树叶图案，将记号圈移到另一棒针，织上针直到插肩袖记号圈前的那一针，在同一针目织下针与扭针进行加针，将记号圈移到另一棒针，在同一针目织下针与扭针进行加针，织上针直到插肩袖记号圈前的那一针，在同一针目织下针与扭针进行加针，将记号圈移到另一棒针，在同一针目织下针与扭针进行加针，织上针直到图案记号圈，将记号圈移到另一棒针，织树叶图案，将记号圈移到另一棒针，织上针直到插肩袖记号圈前的那一针，在同一针目织下针与扭针进行加针，将记号圈移到另一棒针，在同一针目织下针与扭针进行加针，织上针直到图案记号圈，将记号圈移到另一棒针，织树叶图案，将记号圈移到另一棒针，织上针直到结束。

- 第5行：织下针，在图案记号圈之间跟着编织树叶图案。

- 重复4次第4、5行的织法，直到树叶图案编织结束。去掉树叶图案记号圈。育克的剩下部分以反上下针织法编织，具体如下：

- 第1行（正面）：【织上针直到记号圈前的那一针，在同一针目织

下针与扭针进行加针，将记号圈移到另一棒针，在同一针目织下针与扭针进行加针】重复织4次，织上针直到结束。

- 第2行（反面）：织下针。

- 重复14（16,17,19,19,20）次第1、2行的织法，直到每个前片达到36（38,40,42,44,45）针，后片达到72（76,80,84,88,90）针，每只袖子达到52（56,59,63,65,67）针——共计248（264,278,294,306,314）针。

将袖子从身片分开

- 下一行（正面）：去掉所有的记号圈，前片织36（38,40,42,44,45）针下针，将接着的袖子上的52（56,59,63,65,67）针穿在防解别针上，稍后再织。用简易式起针法（线圈向后）起1（5,10,15,20,27）针。后片织72（76,80,84,88,90）针下针，将接着的袖子上的52（56,59,63,65,67）针穿在防解别针上，稍后再织。用简易式起针法（线圈向后）起1（5,10,15,20,27）针，前片织36（38,40,42,44,45）针下针——身片共146（162,180,198,216,234）针。

身片

- 身片用上下针织法，在正面行织下针，在反面行织上针。

- 开始的第一行织上针，以相同花样继续编织，不另外加减针，织17（15,15,13,13,13）行。

- 在最后一行（反面），如下放置侧面记号圈：织36（40,45,49,54,58）针上针，放记号圈，织74（82,90,100,108,118）针上针，放记号圈，织36（40,45,49,54,58）针上针。

腰部造型

- 第1行（正面）：【织下针直到记号圈前的4针，从针目后方穿入棒针，织左下2针并1针，织2针下针，将记号圈移到另一棒针，

织2针下针，织左下2针并1针】重复织2次，织下针直到结束。

- 第2~8行：用上下针织法，以相同花样继续编织，不另外加减针。

- 重复4次第1~8行的织法——共减少20针。总计126（142，160,178,196,214）针。

- 用上下针织法，以相同花样继续编织，不另外加减针，织6行。

臀部造型

- 第1行：【织下针直到记号圈前的2针，右挑针加针，织2针下针，将记号圈移到另一棒针，织2针下针，左挑针加针】重复织2次，织下针直到结束。

- 第2~4行：用上下针织法，以相同花样继续编织，不另外加减针。

- 重复4次第1~4行的织法——共增加20针。总计146（162,180，198,216,234）针。

- 用上下针织法，以相同花样继续编织，不另外加减针，织6（12,12,12,12,12）行。

开始用反上下针织法编织边界

- 用反上下针织法织12行，开始的第一行织上针。

- 织10行平针。

- 收针。

袖子
（两只袖子织相同的花样）

- 将防解别针上的52（56,59,63,65,67）针移到双头棒针上，重新接上线编织这些针目；挑针，在这些针目上起1（5,10,15,20,27）针下针做腋窝，然后将它们连成圈进行圈编。在腋窝的针目的中心位置放一个记号圈。共计53（61,69,78,85,94）针。

- 用上下针织法，以相同花样继续编织，不另外加减针，织9（9,9,7,7,7）圈。

- 下一圈：从针目后方穿入棒针，织左下2针并1针，织下针直到最后2针，织左下2针并1针。

- 再重复5（7,8,9,9,9）次上述这10（10,10,8,8,8）圈的织法。共计66（71,72,72,72,72）针。

- 以相同花样继续编织，不另外加减针，一直织到长度达到13（14$\frac{1}{2}$,15,15$\frac{1}{4}$,15$\frac{1}{4}$,15$\frac{1}{4}$）英寸/33（37,38,39,39,39）厘米，或者比想要的长度短3英寸/7.5厘米。

- 用反上下针织法（圈编时所有圈都织上针）织14圈。

- 用平针织法（圈编时1圈织下针，1圈织上针）织5圈。

- 收针。

纽扣前襟

右前片

- 将织片正面朝向编织者，从下摆的边开始，每3行挑针，织2针下针。

- 第1行和第2行：织下针。

- 第3行：织2针下针，*收2针做扣眼，织12针下针，从*开始再重复织5（5,5,6,6,6）次，织下针直到行的结束。

- 第4行：织下针，在收针做扣眼的针目上方，起针2针。

- 第5行和第6行：织下针。

- 收针。

左前片

- 将织片正面朝向编织者，从左领口的边开始，挑针并织下针，下针的针数与右前片前襟的挑针数一致。

- 织6行平针。

- 收针。

收尾

- 藏线头。

- 整烫。

- 钉纽扣。

	正面织下针，反面织上针
	无针，直接跳到编织图的下一格
	挂针
	从针目后方穿入棒针，织左下2针并1针
	左下2针并1针
	右下3针并1针
	在同一针目织1针下针，1针上针，1针下针

树叶图案嵌花编织图

· 第1行（正面）：织1针下针，挂针，1针下针，挂针，1针下针。

· 第2行（反面）：织5针上针。

· 第3行：织2针下针，挂针，1针下针，挂针，2针下针。

· 第4行：织7针上针。

· 第5行：从针目后方穿入棒针，织左下2针并1针，织1针下针，挂针，1针下针，挂针，1针下针，左下2针并1针。

· 第6行：织7针上针。

· 第7行：从针目后方穿入棒针，织左下2针并1针，织3针下针，左下2针并1针。

· 第8行：织5针上针。

· 第9行：从针目后方穿入棒针，织左下2针并1针，织1针下针，左下2针并1针。

· 第10行：织3针上针。

· 第11行：织右下3针并1针。

· 第12行：织1针上针。

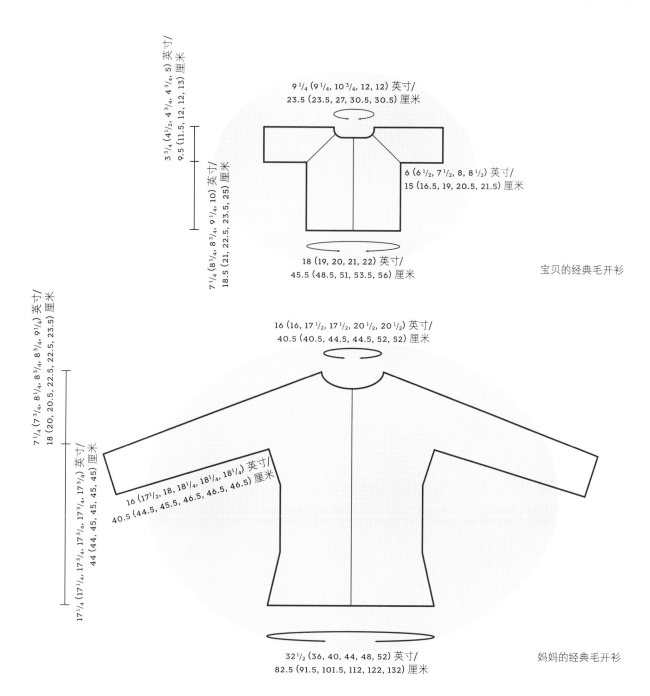

9 1/4 (9 1/4, 10 3/4, 12, 12) 英寸/
23.5 (23.5, 27, 30.5, 30.5) 厘米

3 3/4 (4 1/2, 4 3/4, 4 3/4, 5) 英寸/
9.5 (11.5, 12, 12, 13) 厘米

6 (6 1/2, 7 1/2, 8, 8 1/2) 英寸/
15 (16.5, 19, 20.5, 21.5) 厘米

7 1/4 (8 1/4, 8 3/4, 9 1/4, 10) 英寸/
18.5 (21, 22.5, 23.5, 25) 厘米

18 (19, 20, 21, 22) 英寸/
45.5 (48.5, 51, 53.5, 56) 厘米

宝贝的经典毛开衫

16 (16, 17 1/2, 17 1/2, 20 1/2, 20 1/2) 英寸/
40.5 (40.5, 44.5, 44.5, 52, 52) 厘米

7 1/4 (7 3/4, 8 1/4, 8 3/4, 8 3/4, 9 1/4) 英寸/
18 (20, 20.5, 22.5, 22.5, 23.5) 厘米

16 (17 1/2, 18, 18 1/4, 18 1/4, 18 1/4) 英寸/
40.5 (44.5, 45.5, 46.5, 46.5, 46.5) 厘米

17 1/4 (17 1/4, 17 3/4, 17 3/4, 17 3/4, 17 3/4) 英寸/
44 (44, 45, 45, 45, 45) 厘米

32 1/2 (36, 40, 44, 48, 52) 英寸/
82.5 (91.5, 101.5, 112, 122, 132) 厘米

妈妈的经典毛开衫

5

淑女棉开衫

　　我将这款毛衣命名为"淑女棉开衫"，是因为凸编收针（编织技巧见第8页）制作的装饰性边缘和精纺棉纱线使得这款毛衣成为本书中最女性化的毛衣。我选择用单一颜色的有机纱线来编织这款毛衣，是为了去掉女孩气，但是我认为粉色也会使这款毛衣显得很可爱。这款毛衣在特殊场合穿着也是足够精美的，但是如果每天都穿着，就会越来越显旧（因为材料是可洗棉线）。

宝贝的淑女棉开衫

材料

毛线
Knit Picks Simply Cotton
Sport（100%有机棉；每团50
克，150米）
大红色，使用2（2,2,3,3）团

编织针
美国4号（直径3.5毫米）24英
寸/60厘米或更长的环形针、双
头棒针

常用工具
7颗直径约1.25厘米的纽扣
织补针
4个记号圈
几个防解别针

密度
每4英寸×4英寸/10厘米×10厘
米范围内
织24针，30行

尺寸　◇　　图片毛衣显示的尺寸：6个月

尺码（月龄）	3	6	12	18	24
合身胸围（英寸）	16	17	18	19	20
合身胸围（厘米）	40.5	43	45.5	48.5	51

成衣尺寸

胸围（英寸）	18	18½	20	21¼	22
胸围（厘米）	45.5	47.5	51	54	56
长度（英寸）	9	11	12½	15½	15¾
长度（厘米）	23	28	32	39.5	40

编织方法　◇

育克

- 起针48（54,64,64,64）针。

- 第1行（反面）：织上针，如下放置记号圈：前片织9（10,12,12,12）针，放记号圈；袖子织6（7,8,8,8）针，放记号圈；后片织18（20,24,24,24）针，放记号圈；袖子织6（7,8,8,8）针，放记号圈；前片织9（10,12,12,12）针。

- 第2行（正面）：【织下针直到记号圈前的那一针，在同一针目织下针与扭针进行加针，将记号圈移到另一棒针，在同一针目织下针与扭针进行加针】重复织4次，织下针直到结束。

- 第3行和所有奇数行：织上针。

- 重复12（14,15,16,17）次第2、3行的织法，直到每个前片达到22（25,28,29,30）针，每只袖子达到32（37,40,42,44）针，后片达到44（50,56,58,60）针。总计152（174,192,200,208）针。

将袖子从身片分开

- 前片织22（25,28,29,30）针下针。将接着的袖子上的32（37,40,42,44）针穿在防解别针上，稍后再织。用下针加针起针法，在腋窝处起10（6,4,6,6）针，放一个记号圈将前片和后片分开。后片织44（50,56,58,60）针下针。将接着的袖子上的32（37,40,42,44）针穿在防解别针上，稍后再织。用下针加针起针法，在腋窝处起10（6,4,6,6）针，放一个记号圈将前片和后片分开。此时，在棒针上的身片总针数是108（112,120,128,132）。

创建上针条纹装饰

- 下一行（反面）：织下针。

- 下一行（正面）：织上针。

- 加针行（反面）：织2（1,0,2,1）针下针，*加1针，织5针下针*，重复织，直到最后1（1,0,1,1）针，加1针，织1（1,0,1,1）针下针——总计增加22（23,25,26,27）针。该行总计130（135,145,154,159）针。

- 下一行（正面）：织上针。

- 第1~5行：用上下针织法织5行，第一行从反面开始织，织上针。

- 第6行（正面）：织5（5,5,4,4）针下针，接着的120（125,135,145,150）针重复花样编织图（见第70页妈妈和宝贝的身片与袖子的花样编织图）的织法，织5（5,5,5,5）针下针。

- 第7行：织5（5,5,5,5）针上针，接着的120（125,135,145,150）针重复花样编织图（见第70页妈妈和宝贝的身片与袖子的花样编织图）的织法，织5（5,5,4,4）针上针。

- 第8~10行：按照前2行的花样继续编织。

- 重复2（3,4,6,6）次第1~10行的织法，再重复1次第1~5行的织法。

下摆线装饰

- 第1行（正面）：织上针。

- 第2行（反面）：织下针。

- 用凸编收针的方法收针，做法如下：收3针，【织3针下针，收5针】直到结束。将所有剩余的针目收针。

袖子

- 将袖子上的32（37,40,42,44）针从防解别针上移到双头棒针上。

- 袖子上的32（37,40,42,44）针织下针，在腋窝处挑针并织10（6,4,6,6）针下针。袖子上共织42（43,44,48,50）针。

- 用圈编的方式织下针，共织12（15,19,22,26）圈。

详细的袖子编织花样

- 第1~5圈：织2（3,4,3,0）针下针，按照妈妈和宝贝的身片与袖子的花样编织图（见第70页）织40（40,40,45,50）针。

- 第6~9圈：织下针。

袖子装饰

- 织2圈上针。

- 像身片一样，用凸编收针的方法收针。

纽扣前襟

右前片扣眼前襟

- 将织片正面朝向编织者，沿着右前片，每3行挑针并织2针下针。

- 第1行（反面）：织下针。

- 第2行（正面）：织下针，沿着前片均匀地排列7个1针扣眼（见第9页）。

- 第3行：织下针。

- 收针。

左前片纽扣前襟

- 将织片正面朝向编织者，从左前片向上，每3行挑针并织2针下针。

- 织3行下针。

- 收针。

收尾

- 藏线头。

- 整烫。

- 钉纽扣。

妈妈的淑女棉开衫

材料

毛线
Knit Picks Simply Cotton Sport（100%有机棉；每团50克，150米）
宝蓝色，使用6（7,7,8,9,9）团

编织针
美国4号（直径3.5毫米）24英寸/60厘米或更长的环形针、双头棒针
美国2号（直径2.75毫米）24英寸/60厘米或更长的环形针、双头棒针

常用工具
10颗直径约2厘米的纽扣
织补针
4个记号圈
几个防解别针

密度
每4英寸×4英寸/10厘米×10厘米范围内
织24针，30行

尺寸 ◇　图片毛衣显示的尺寸：S号（34码）

尺码	XS	S	M	L	XL	XXL
合身胸围（英寸）	30	34	38	42	46	50
合身胸围（厘米）	76	86.5	96.5	106.5	117	127

成衣尺寸

	XS	S	M	L	XL	XXL
胸围（英寸）	32½	36	40	44	48	52
胸围（厘米）	83	91.5	101.5	112	122	132
长度（英寸）	20¼	20¾	22¼	22¾	24	24½
长度（厘米）	51.5	52.5	56.5	57.5	61	62.5

编织方法 ◇

育克

- 起针96（96,120,120,132,132）针。

- 第1行（反面）：织上针，如下放置记号圈：前片织18（18,22,22,24,24）针上针，放记号圈；袖子织12（12,16,16,18,18）针上针，放记号圈；后片织36（36,44,44,48,48）针上针，放记号圈；袖子织12（12,16,16,18,18）针上针，放记号圈；前片织18（18,22,22,24,24）针上针。

- 第2行：【织下针直到记号圈前的那一针，在同一针目织下针与扭针进行加针，将记号圈移到另一棒针，在同一针目织下针与扭针进行加针】重复织4次，织下针直到结束。

- 第3行：织上针。

- 重复26（28,29,31,31,32）次第2、3行的织法。总计312（328,360,376,388,396）针。

将袖子从身片分开

- 下一行（正面）：前片织45（47,52,54,56,57）针下针，将接着的袖子上的66（70,76,80,82,84）针穿在防解别针上，稍后再织。在腋窝处起8（14,16,24,34,42）针，后片织90（94,104,108,112,114）针下针，将接着的袖子上的66（70,76,80,82,84）针穿在防解别针上，稍后再织。在腋窝处起8（14,16,24,34,42）针，前片织45（47,52,54,56,57）针下针。此时，在棒针上的身片总计196（216,240,264,288,312）针。

身片

- 下一行（反面）：织下针。

- 下一行（正面）：织上针。

- 加针行（反面）：织3（3,0,2,4,1）针下针，*加1针，织10针下针*，重复织，直到最后的3（3,0,2,4,1）针，加1针，织3（3,0,2,4,1）针下针——总计增加20（22,25,27,29,32）针。该行总计216（238,265,291,317,344）针。

- 用反上下针织法织4行，开始的第一行织上针。

- 第1行（正面）：织3（4,0,1,3,2）针下针，接着的210（230,265,290,310,340）针重复花样编织图（见第70页妈妈和宝贝的身片与袖子的花样编织图）的织法，织3（4,0,0,4,2）针下针。

- 第2行（反面）：织3（4,0,0,4,2）针上针，重复花样编织图（见第70页）的织法直到最后3（4,0,1,3,2）针，织上针直到结束。

- 第3~5行：按照前2行的花样继续编织，直到编织图的最后。

- 第6~10行：用反上下针织法织5行，反面行织下针，正面行织上针。

- 重复8（8,9,9,10,10）次第1~10行的织法。

下摆线装饰

- 第1行（正面）：织上针。

- 第2行（反面）：织下针。

- 用凸编收针的方法收针，做法如下：收3针，【织3针下针，收5针】直到结束。如果需要的话，将所有剩余的针目收针。

袖子

- 将袖子上的66（70,76,80,82,84）针从防解别针上移到双头棒针上。

- 第1圈：重新接上线，将袖子上的66（70,76,80,82,84）针织下针，在身片的腋窝处挑针并起针织8（14,16,24,34,42）针下针。袖子上共74（84,92,104,116,126）针。

- 用圈编的方式织下针，共织68（68,75,75,83,83）圈（或者织到比想要的长度短2英寸/5厘米）。

详细的袖子编织花样

- 第1~5圈：织4（4,2,4,1,1）针下针，按照花样编织图（见第70页）的织法织70（80,90,100,115,125）针。

- 第6~9圈：织上针。

袖子装饰

- 织2圈上针。

- 像身片一样，用凸编收针的方法收针。

纽扣前襟

右前片扣眼前襟

- 将织片正面朝向编织者，沿着右前片，每3行挑针并织2针下针。

- 第1行（反面）：织下针。

- 第2行（正面）：织下针，沿着前片均匀地排列10个1针扣眼（见第9页）。

- 第3行：织下针。

- 收针。

左前片纽扣前襟

- 将织片正面朝向编织者，从左前片向上，每3行挑针并织2针下针。

- 织3行下针。

- 收针。

领口装饰

- 用较小号的棒针，将织片正面朝向编织者，从右前片衣领开始，在领口周围起针的每一针都织1针下针。

- 第1行（反面）：织下针。

- 第2行：织下针。

- 松松地收针。

收尾

- 藏线头。

- 整烫。

- 钉纽扣。

	正面织下针，反面织上针
●	正面织上针，反面织下针

妈妈和宝贝的身片与袖子的花样编织图

- 第1行（正面）：织2针下针，1针上针，2针下针。
- 第2行（反面）：织5针上针。
- 第3行：织1针下针，1针上针，1针下针，1针上针，1针下针。
- 第4行：织5针上针。
- 第5行：织2针下针，1针上针，2针下针。

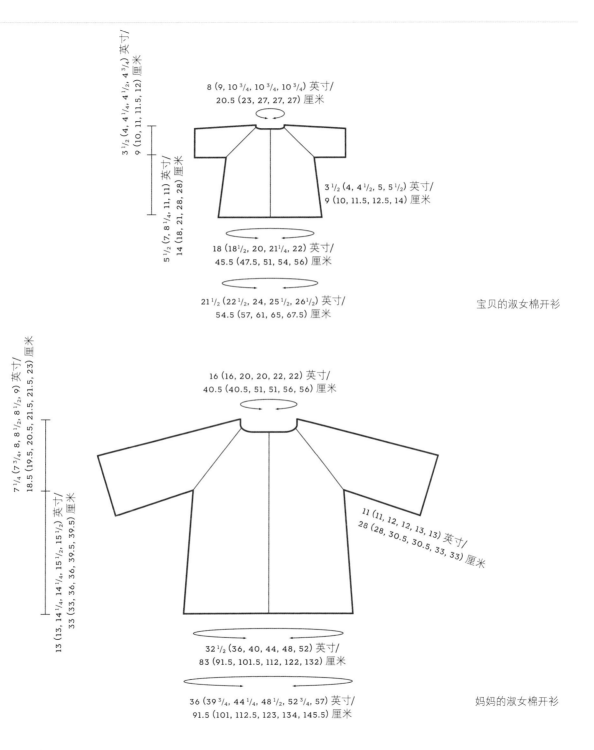

8 (9, 10³/₄, 10³/₄, 10³/₄) 英寸/
20.5 (23, 27, 27, 27) 厘米

3¹/₂ (4, 4¹/₄, 4¹/₂, 4³/₄) 英寸/
9 (10, 11, 11.5, 12) 厘米

3¹/₂ (4, 4¹/₂, 5, 5¹/₂) 英寸/
9 (10, 11.5, 12.5, 14) 厘米

5¹/₂ (7, 8¹/₄, 11, 11) 英寸/
14 (18, 21, 28, 28) 厘米

18 (18¹/₂, 20, 21¹/₄, 22) 英寸/
45.5 (47.5, 51, 54, 56) 厘米

21¹/₂ (22¹/₂, 24, 25¹/₂, 26¹/₂) 英寸/
54.5 (57, 61, 65, 67.5) 厘米

宝贝的淑女棉开衫

16 (16, 20, 20, 22, 22) 英寸/
40.5 (40.5, 51, 51, 56, 56) 厘米

7¹/₄ (7³/₄, 8, 8¹/₂, 8¹/₂, 9) 英寸/
18.5 (19.5, 20.5, 21.5, 21.5, 23) 厘米

11 (11, 12, 12, 13, 13) 英寸/
28 (28, 30.5, 30.5, 33, 33) 厘米

13 (13, 14¹/₄, 14¹/₄, 15¹/₂, 15¹/₂) 英寸/
33 (33, 36, 36, 39.5, 39.5) 厘米

32¹/₂ (36, 40, 44, 48, 52) 英寸/
83 (91.5, 101.5, 112, 122, 132) 厘米

36 (39³/₄, 44¹/₄, 48¹/₂, 52³/₄, 57) 英寸/
91.5 (101, 112.5, 123, 134, 145.5) 厘米

妈妈的淑女棉开衫

6

图书馆
毛开衫

在下雨天，我们喜欢去图书馆，当看着书生气十足的学生时，我们会觉得更有趣。这款图书馆毛开衫的设计是从上往下编织，平织，用环形针，将臀部处的加针和袖子处的加针结合在一起，创造出宽身束腰女上衣的效果，呈现出时髦的服装轮廓。在收尾后，将I-cord包边编织的扣环挑针织到毛衣上，大大的、引人注目的纽扣为这款学生范儿的毛衣增加了一些趣味性。

宝贝的图书馆毛开衫

材料

毛线

Cascade 220 Heather（100%秘鲁高地羊毛；每团100克，202米）
主色线：浅蓝色，使用2（2,3,3）团
配色线：湖水蓝色，使用1团

编织针

美国7号（直径4.5毫米）24英寸/60厘米环形针、双头棒针，或需要的与密度相配的其他型号的针
美国5号（直径3.75毫米）24英寸/60厘米环形针、双头棒针

常用工具

6颗直径约2.5厘米的纽扣
织补针
4个记号圈
2个防解别针或几根废线

密度

用较大号的棒针，上下针织法，每4英寸×4英寸/10厘米×10厘米范围内
织18针，24行

尺寸 ◇ 图片毛衣显示的尺寸：8码

尺码	4	6	8	10
合身胸围（英寸）	23	25	26½	28
合身胸围（厘米）	58.5	63.5	68.5	71

成衣尺寸

	4	6	8	10
胸围（英寸）	23	25	27½	29¼
胸围（厘米）	58.5	63.5	70	74.5
到腋窝的长度（英寸）	12½	13¼	14¾	15½
到腋窝的长度（厘米）	32	33.5	37.5	39.5
总长度（英寸）	17½	18¾	20¾	22
总长度（厘米）	44.5	47.5	52.5	56

编织方法 ◇

育克

- 从衣领的边开始，用较大号的棒针，用主色线，起针40（40,48,48）针。

- 第1行（反面）：织上针，如下放置记号圈：前片织1针上针，放记号圈；袖子织8（8,10,10）针上针，放记号圈；后片织22（22,26,26）针上针，放记号圈；袖子织8（8,10,10）针上针，放记号圈；前片织1针上针。

- 第2行：在同一针目织下针与扭针进行加针，将记号圈移到另一棒针，【织2针下针，左挑针加针，织下针直到记号圈前的2针，右挑针加针，织2针下针，将记号圈移到另一棒

针】重复织3次，在同一针目织下针与扭针进行加针——共增加8针：每个前片加1针，每个袖子加2针，后片加2针。

- 第3行和所有的反面行：织上针。

- 第4行：在同一针目织下针与扭针进行加针，在同一针目织下针与扭针进行加针，将记号圈移到另一棒针，【织2针下针，左挑针加针，织下针直到记号圈前的2针，右挑针加针，织2针下针，将记号圈移到另一棒针】重复织3次，在同一针目织下针与扭针进行加针，在同一针目织下针与扭针进行加针——共增加10针：每个部分增加2针。

- 第6行：在同一针目织下针与扭针进行加针，织1针下针，右挑针加针，织2针下针，将记号圈移到另一棒针，【织2针下针，左挑针加针，织下针直到记号圈前的2针，右挑针加针，织2针下针，将记号圈移到另一棒针】重复织3次，织2针下针，左挑针加针，织1针下针，在同一针目织下针与扭针进行加针——共增加10针。

- 第8行：织下针直到记号圈前的2针，右挑针加针，织2针下针，将记号圈移到另一棒针，【织2针下针，左挑针加针，织下针直到记号圈前的2针，右挑针加针，织2针下针，将记号圈移到另一棒针】重复织3次，织2针下针，左挑针加针，织下针直到结束——共增加8针。

- 第10行：重复第8行。

- 第11行：重复第3行。

- 重复10（12,13,15）次第10、11行的织法——共164（180,196,212）针：每个前片18（20,21,23）针，每个袖子38（42,46,50）针，后片52（56,62,66）针。以反面行结束。

将袖子从身片分开

- 下一行（正面）：前片织18（20,21,23）针下针。将接着的袖子上的38（42,46,50）针穿在防解别针上，放记号圈标记出腋窝。后片织52（56,62,66）针下针。将接着的袖子上的38（42,46,50）针

穿在防解别针上，放记号圈标记出腋窝。前片织18（20,21,23）针下针。此时，身片共计88（96,104,112）针。

身片

- 用上下针织法继续编织，不另外加减针，直到从起针处开始的总长度达到9$\frac{1}{2}$（10$\frac{1}{2}$,12$\frac{1}{2}$,14）英寸/24（26.5,32,35.5）厘米。以反面行结束。

身片造型

- 第1行（正面）：织4（3,2,6）针下针，【加1针，织10针下针】重复织，直到最后4（3,2,6）针，加1针，织4（3,2,6）针下针。该行共计97（106,115,124）针。

- 第2~10行：用上下针织法继续编织，不另外加减针。

- 第11行（正面）：织4（3,3,2）针下针，【加1针，织10针下针】重复织，直到最后3（3,2,2）针，加1针，织3（3,2,2）针下针——共计107（117,127,137）针。

- 第12~22行：以相同花样继续编织，不另外加减针。

- 第23行（正面）：织4（4,4,4）针下针，【加1针，织10针下针】重复织，直到最后3（3,3,3）针，加1针，织3（3,3,3）针下针——共计118（129,140,151）针。

- 第24~33行：以相同花样继续编织，不另外加减针。

- 第34行：织上针，均匀地增加0（0,1,2）针或者减少1（0,0,0）针——共计117（129,141,153）针，是6针的倍数+3针。

罗纹针

- 换成较小号的棒针，以3x3罗纹针织17行，第一行的开始和结束都织3针下针。

- 松松地用罗纹针收针。

袖子

- 将袖子上的38（42,46,50）针从防解别针上移到双头棒针上，接上毛线，放记号圈作为圈编的开始。

- 第1~24圈：用上下针织法继续编织，不另外加减针。

- 第25圈：织4（1,3,0）针下针，【加1针，织10针下针】重复织3（4,4,5）次，加1针，织4（1,3,0）针下针。共计42（47,51,56）针。

- 第26~31圈：以相同花样继续编织，不另外加减针。

- 第32圈：织1（4,1,3）针下针，【加1针，织10针下针】重复织4（4,5,5）次，加1针，织1（3,0,3）针下针。共计47（52,57,62）针。

- 以相同花样继续编织，不另外加减针，共织10（20,25,30）圈。

注意：如果您想要稍微长些的袖子，让孩子穿的时间长些，就多织几圈。

- 下一圈：织4（0,4,0）针下针，【从针目后方穿入棒针，织左下2针并1针，织8针下针】重复织，直到最后3（2,3,2）针，织左下2针并1针，织1（0,1,0）针下针——共减少5（6,6,7）针；还剩下42（46,51,55）针。

- 同法织3圈，在最后一圈减2（2,3,3）针——还剩下40（44,48,52）针。

- 换成较小号的棒针，以2x2罗纹针织17圈。

- 换成配色线，以罗纹针织2圈。

注意：若想要向下折叠的袖口，就将罗纹针织长些。

- 松松地用罗纹针收针。

装饰

- 将织片正面朝向编织者，从右前片的下面开始向上织，用小号环形针，每3行挑针并织2针下针，在领口处起针，每起1针就在

它的周围向上挑针并织1针下针；在左前片向下，每3行挑针并织2针下针。注意：挑针的针数是6针的倍数+3针，目的是为了织罗纹针。

- 以3x3罗纹针织18行。

- 换成配色线，以罗纹针织2行。

- 松松地用罗纹针收针。

I-cord包边编织扣环

- 使用配色线，用较小号的双头棒针，在右前片的罗纹针装饰中的3针下针处挑针并织3针下针。用I-cord包边编织（见第10页针法术语）的织法12行（2英寸/5厘米）。将I-cord包边编织的最后一行与罗纹针装饰的下针部分中的3针一起编织，将它们连在一起（3针上针在2个部分之间）。每个扣环都重复这种织法。关于扣环的放置位置，可以参考衣服图片，但是纽扣的数量可以根据您的喜好随意添加。

口袋
（织2次）

- 用配色线和较小号的棒针，起针33针。

- 下一行（正面）：以3x3罗纹针织2行。

- 换成主色线，继续织罗纹针，再多织12行。

- 用上下针织法继续织10行，不另外加减针。以反面行结束。

口袋造型

- 第1行（正面）：织2针下针，从针目后方穿入棒针，织左下2针并1针，织下针直到最后4针，织左下2针并1针，织2针下针——减少2针。

- 第2行：织上针。

- 重复4次第1、2行的织法——还剩23针。

- 收针。

收尾

- 在扣环相对应的左前片上钉纽扣。

- 如图片所示，在从前片的边开始的大概5针及从罗纹针顶部开始往上10行的地方，装上口袋。

- 藏线头。

- 需要的话，整烫或者熨烫，要小心，不要将罗纹针的纹路烫平。

妈妈的图书馆毛开衫

材料

毛线

Cascade 220 Heather（100%秘鲁高地羊毛；每团100克，202米）
主色线：军绿色，使用6(7,7,8,9,9)团
配色线：湖水蓝色，使用1团

编织针

美国7号（直径4.5毫米）24英寸/60厘米环形针、双头棒针，或需要的与密度相配的其他型号的针
美国5号（直径3.75毫米）24英寸/60厘米环形针、双头棒针

常用工具

7颗直径约2.5厘米的纽扣
织补针
4个记号圈
2个防解别针或几根废线

密度

用较大号的棒针，上下针织法，每4英寸×4英寸/10厘米×10厘米范围内
织18针，24行

尺寸 ◇ 图片毛衣显示的尺寸：S号（34码）

尺码	XS	S	M	L	XL	XXL
合身胸围（英寸）	30	34	38	42	46	50
合身胸围（厘米）	76	86.5	96.5	107	117	127

成衣尺寸

	XS	S	M	L	XL	XXL
胸围（英寸）	31	34½	40	44	48	52
胸围（厘米）	79	88	101.5	112	122	132
到腋窝的长度（英寸）	19½	20¼	20¾	21¼	21¼	21¾
到腋窝的长度（厘米）	49.5	51.5	52.5	54	54	55
到肩膀的长度（英寸）	27	28¼	29¼	30¼	30¼	31¼
到肩膀的长度（厘米）	68.5	72	74	77	77	79

编织方法 ◇

育克

- 从衣领的边开始织，用较大号的棒针，用主色线，起针47(47,56,56,64,64)针。

- 第1行（反面）：织上针，如下放置记号圈：前片织1针上针，放记号圈；袖子织9(9,11,11,13,13)针上针，放记号圈；后片织27(27,32,32,36,36)针上针，放记号圈；袖子织9(9,11,11,13,13)针上针，放记号圈；前片织1针上针。

- 第2行（正面）：在同一针目织下针与扭针进行加针，将记号圈移到另一棒针，【织2针下针，右挑针加针，织下针直到记号圈前的2针，左挑针加针，织2针下针，将记号圈移到另一棒针】重复织3次，在同一针目织下针与扭针进行加针——共增加8针。

- 第3行和所有的反面行: 织上针。

- 第4行: 在同一针目织下针与扭针进行加针, 在同一针目织下针与扭针进行加针, 将记号圈移到另一棒针,【织2针下针, 右挑针加针, 织下针直到记号圈前的2针, 左挑针加针, 织2针下针, 将记号圈移到另一棒针】重复织3次, 在同一针目织下针与扭针进行加针, 在同一针目织下针与扭针进行加针——共增加10针。

- 第6行: 在同一针目织下针与扭针进行加针, 织下针直到记号圈前的2针, 左挑针加针, 织2针下针, 将记号圈移到另一棒针,【织2针下针, 右挑针加针, 织下针直到记号圈前的2针, 左挑针加针, 织2针下针, 将记号圈移到另一棒针】重复织3次, 织2针下针, 右挑针加针, 织下针直到最后1针, 在同一针目织下针与扭针进行加针——共增加10针。

- 第8~19行: 重复6次第6、7行的织法——共计135 (135,144, 144,152,152) 针 (每个前片18针)。

- 第20行: 织下针直到记号圈前的2针, 左挑针加针, 织2针下针, 将记号圈移到另一棒针,【织2针下针, 右挑针加针, 织下针直到记号圈前的2针, 左挑针加针, 织2针下针, 将记号圈移到另一棒针】重复织3次, 织2针下针, 左挑针加针, 织下针直到最后1针——增加8针。

- 第21行: 重复第3行。

- 重复11 (13,14,16,16,17) 次第20、21行的织法——共计231 (247, 264,280,288,296) 针: 每个前片30 (32,33,35,35,36) 针, 每个袖子51 (55,59,63,65,67) 针, 后片69 (73,80,84,88,90) 针。

将袖子从身片分开

- 下一行 (正面): 前片织30 (32,33,35,35,36) 针下针。将接着的袖子上的51 (55,59,63,65,67) 针穿在防解别针上。用简易式起针法 (线圈向后) 起1 (5,10,15,20,27) 针做腋窝。后片织69 (73,80,84,88,90) 针下针。将接着的袖子上的51 (55,59,63,65,67) 针穿在防解别针上, 用简易式起针法 (线圈

向后) 起1 (5,10,15,20,27) 针做腋窝。前片织30 (32,33,35,35,36) 针下针。此时, 身片共计131 (147,166,184,198,216) 针。

身片

- 用上下针织法继续编织, 不另外加减针, 直到从起针边开始的总长度达到13¹/₄ (14¹/₂,15¹/₂,16¹/₂,17¹/₂,18¹/₂) 英寸/33.5 (37,39,42,44,47) 厘米。以反面行结束。

身片造型

- 第1行 (正面): 织6 (4,3,2,4,3) 针下针,【加1针, 织10针下针】重复织, 直到最后5 (3,3,2,4,3) 针, 加1针, 织下针直到结束——共增加13 (15,17,19,20,22) 针。该行总计144 (162,183,203,218,238) 针。

- 第2行: 织上针。

- 第3~11行: 用上下针织法继续编织, 不另外加减针。

- 第12行: 织2 (1,2,2,4,4) 针下针,【加1针, 织10针下针】重复织, 直到最后2 (1,1,1,4,4) 针, 加1针, 织下针直到结束——共增加15 (17,19,21,22,24) 针。该行总计159 (179,202,224,240,262) 针。

- 第13~21行: 以相同花样继续编织, 不另外加减针。

- 第22行: 织5 (5,1,2,5,1) 针下针,【加1针, 织10针下针】重复织, 直到最后4 (4,1,2,5,1) 针, 加1针, 织下针直到结束——共增加16 (18,21,23,24,27) 针。该行共计175 (197,223,247,264,289) 针。

- 第23~58行: 以相同花样继续编织, 不另外加减针。同时, 在最后一行, 均匀地增加2 (0,2,2,0,2) 针, 减少0 (2,0,0,3,0) 针——剩下177 (195,225,249,261,291) 针 (是6针的倍数+3针)。

罗纹针

- 换成较小号的棒针, 以3x3罗纹针织24行。

- 松松地用罗纹针收针。

袖子

- 将袖子上的51（55,59,63,65,67）针从防解别针上移到双头棒针上，放记号圈。将在腋窝处起针的1（5,10,15,20,27）针挑针并织下针——共52（60,69,78,85,94）针；连成环状，进行圈编。

- 第1~50圈：用上下针织法继续编织，不另外加减针。

- 第51圈：织2（10,9,8,5,4）针下针，【加1针，织10针下针】重复织，直到记号圈处，加1针——共增加6（6,7,8,9,10）针。共计58（66,76,86,94,104）针。

- 第52~63圈：以相同花样继续编织，不另外加减针。

- 第64圈：织8（6,6,6,4,4）针下针，【加1针，织10针下针】重复织，直到记号圈处，加1针——共增加6（7,8,9,10,11）针。共计64（73,84,95,104,115）针。

- 以相同花样继续编织，不另外加减针，再织19（24,27,29,29,29）圈。

- 下一圈：织4（3,4,5,4,5）针下针，【从针目后方穿入棒针，织左下2针并1针，织左下2针并1针，织6针下针】重复织——共减少12（14,16,18,20,22）针。还剩52（59,68,77,84,93）针。

- 以相同花样继续编织，不另外加减针，织3圈，在最后一圈均匀地增加2（0,0,1,0,0）针或者减少0（1,2,0,2,3）针；共计54（58,66,78,82,90）针。

- 换成较小号的棒针，以2x2罗纹针织17圈。

- 换成配色线，以罗纹针织2圈。

- 松松地用罗纹针收针。

注意：若想要向下折叠的袖口，就将罗纹针织长些。

装饰

- 将织片正面朝向编织者，从右前片的下面开始向上织，用小号环形针，每6行挑针并织5针下针，在领口处的起针，每起1针就在它的周围向上挑针并织1针下针；在左前片向下，每6行挑针并织5针下针。注意：挑针和织下针的针目数量是6针的倍数+3针，目的是为了织罗纹针。

- 以3x3罗纹针织18（18,24,24,36,36）行。

- 换成配色线，继续以罗纹针织2行。

- 松松地用罗纹针收针。

I-cord包边编织扣环

- 关于扣环的放置位置，可以参考衣服图片。想要创造出I-cord包边编织扣环，要使用配色线，从在右前片的罗纹针装饰中的3针下针处挑针并织3针下针。用I-cord包边编织的织法织12行（2英寸/5厘米）。将I-cord包边编织的最后一行与罗纹针装饰部分中接着的3针下针一起织下针（3针上针在2个部分之间）。每个扣环都重复这种织法。

口袋

- 用配色线和较小号的棒针，起针45针。

- 以3x3罗纹针织2行。

- 换成主色线，继续织罗纹针，再多织12行。

口袋造型

- 第1行：织2针下针，从针目后方穿入棒针，织左下2针并1针，织下针直到最后4针，织左下2针并1针，织2针下针。

- 第2行：织上针。

- 重复6次第1、2行的织法（共计7个减针行）。

- 收针。

收尾

- 在扣环相对应的左前片上钉纽扣。

- 在从前片的边开始的大概5针及从罗纹针顶部开始往上10行的
  地方，装上口袋。

- 藏线头。

- 需要的话，整烫或者熨烫，要小心，不要将罗纹针的纹路烫
  平。

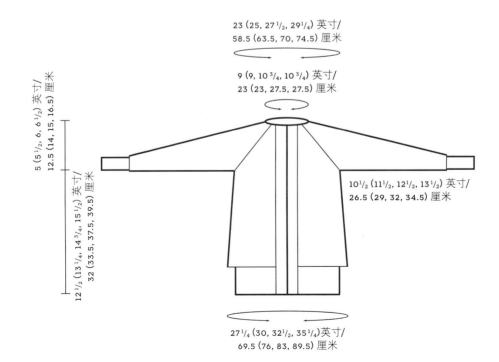

23 (25, 27 1/2, 29 1/4) 英寸/
58.5 (63.5, 70, 74.5) 厘米

9 (9, 10 3/4, 10 3/4) 英寸/
23 (23, 27.5, 27.5) 厘米

5 (5 1/2, 6, 6 1/2) 英寸/
12.5 (14, 15, 16.5) 厘米

10 1/2 (11 1/2, 12 1/2, 13 1/2) 英寸/
26.5 (29, 32, 34.5) 厘米

12 1/2 (13 1/4, 14 3/4, 15 1/2) 英寸/
32 (33.5, 37.5, 39.5) 厘米

27 1/4 (30, 32 1/2, 35 1/4) 英寸/
69.5 (76, 83, 89.5) 厘米

宝贝的图书馆毛开衫

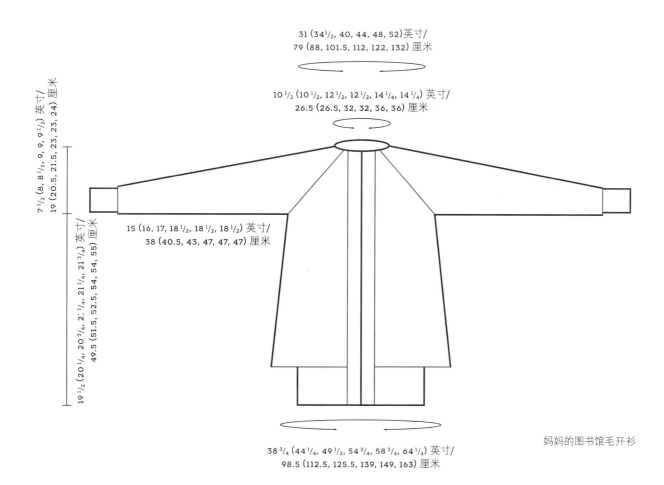

31 (34$^1/_2$, 40, 44, 48, 52)英寸/
79 (88, 101.5, 112, 122, 132) 厘米

10 $^1/_2$ (10 $^1/_2$, 12 $^1/_2$, 12 $^1/_2$, 14 $^1/_4$, 14 $^1/_4$) 英寸/
26.5 (26.5, 32, 32, 36, 36) 厘米

7 $^1/_2$ (8, 8 $^1/_2$, 9, 9, 9 $^1/_2$) 英寸/
19 (20.5, 21.5, 23, 23, 24)厘米

15 (16, 17, 18$^1/_2$, 18$^1/_2$, 18$^1/_2$) 英寸/
38 (40.5, 43, 47, 47, 47) 厘米

19$^1/_2$ (20$^1/_4$, 20$^3/_4$, 2 $^1/_4$, 21$^1/_2$, 21$^3/_4$) 英寸/
49.5 (51.5, 52.5, 54, 54, 55)厘米

38 $^3/_4$ (44 $^1/_4$, 49 $^1/_2$, 54 $^3/_4$, 58 $^3/_4$, 64 $^1/_4$) 英寸/
98.5 (112.5, 125.5, 139, 149, 163) 厘米

妈妈的图书馆毛开衫

露背背心

哪个女孩不喜欢可爱的、配套的衣服呢？有了这套背心，她和她最喜欢的玩偶就有了搭配的衣服。更棒的是，这款背心的编织方法相当简单，是一款适合母女共同编织的毛衣：女儿可以为她的玩偶织一件小巧的背心，妈妈可以做缝合及收尾工作。

这款背心不管是单独穿，还是套在T恤衫或高领毛衣外面，看起来都非常棒。这款背心是从上到下编织的插肩袖毛衣。前片和后片分别从领口起针，每一片都单独编织，织到袖窿的底部。然后，将前片和后片连在一起，进行圈编。用凸编收针的方式来突出下摆线条，下摆被折进里面并缝合。

宝贝的露背背心

材料

毛线

Malabrigo有机棉线（100%有机棉；每团100克，210米）
樱花粉色，使用2（2,2,2）团

编织针

美国5号（直径3.75毫米）16英寸/40.5厘米环形针

常用工具

织补针
几个记号圈
几个防解别针
几根缎带

密度

每4英寸×4英寸/10厘米×10厘米范围内
织21针，32行

尺寸 ◇ 图片毛衣显示的尺寸：4码

尺码	4	6	8	10
合身胸围（英寸）	23	25	27	28
合身胸围（厘米）	58.5	63.5	68.5	71

成衣尺寸

	4	6	8	10
胸围（英寸）	25	27	29	30
胸围（厘米）	64	68.5	73.5	76.5
长度（英寸）	15½	16½	17	18¼
长度（厘米）	39	42	43	46.5

编织方法 ◇

前片

- 起针25（25,27,27）针。

- 开始的第1行织上针，用上下针织法织5行。

- 第6行（正面）：织上针。

- 第7行（反面）：织上针。

- 用上下针织法，再多织4行。

- 开始插肩袖造型的编织。组合行（正面）：织3针下针，右挑针加针，织1（1,2,2）针下针，放编织图记号圈，接着的17针按照蕾丝编织图（见第90页）编织，放编织图记号圈，织下针直到最后3针，左挑针加针，织3针下针。

- 第1行：织3针下针，织上针直到记号圈，接下来的17针按照蕾丝编织图（见第90页）编织，织上针直到最后3针，织3针下针。

- 第2行：织3针下针，右挑针加针，织下针直到记号圈，接下来的17针按照蕾丝编织图（见第90页）编织，织下针直到最后3针，左挑针加针，织3针下针。

- 重复17（19,19,21）次第1、2行的织法，然后再重复1次第1行的织法。

- 共计63（67,69,73）针。从蕾丝花样编织开始，织片尺寸为$4^1/_2$（$5^1/_4,5^1/_4,5^1/_2$）英寸/11.5（13,13,14）厘米。

- 记住织过的编织图的最后一行。不要将挂线剪断；将前片部分穿在防解别针上，稍后再织。

后片

- 用第2团毛线，按照前片的方法编织，但无须织蕾丝花样，将该织片留在环形针上。将挂线剪断。

将前片和后片连起来，进行圈编

- 将织片正面朝向编织者，将后片部分移到环形针的麻花部分；将前片部分移到环形针上，也是织片正面朝向编织者。准备好挂线开始织一个正面行。

- 前片织下针直到编织图记号圈，从您在蕾丝编织图停下来的地方继续织，接下来的17针按照蕾丝编织图（见第90页）编织。织下针直到前片部分的边。用下针加针起针法，起3（4,7,6）针。后片部分织下针，用下针加针起针法，起3（4,7,6）针。放记号圈，表示圈编的开始。共132（142,152,158）针。

- 现在，背心在进行圈编，对衣服的下摆不增加针目也不减少针目。按照上面已经设置好的，在编织图记号圈之间进行蕾丝花样编织。现在，开始对图案进行圈编，记住：一圈织蕾丝花样，下一圈织下针。

- 以这种方式编织，直到从腋窝缝合处开始的织片的长度达到$9^1/_2$（$10,10^1/_2,11$）英寸/24（25.5,26.5,28）厘米。

下摆

- 折叠圈：【左下2针并1针，挂针】重复织，直到结束。

- 用上下针织法织6圈。

- 松松地收针。

- 在折叠圈对下摆进行折叠，往里折并缝合，针脚在背心的反面。

领口的缎带的穿口

- 在上针的脊部将领口的缎带的穿口（背心上方的边）反面相对对折，然后缝合在背心的反面。

- 将缎带穿过穿口。

收尾

- 藏线头。

- 整烫。

玩偶的露背背心

材料

毛线
Malabrigo有机棉线（100%有机棉；每团100克，210米）
樱花粉色，使用织宝贝的露背背心剩下的一点线

编织针
美国5号（直径3.75毫米）直的棒针

常用工具
织补针
几个记号圈
几个防解别针

密度
每4英寸×4英寸/10厘米×10厘米范围内
织21针，25行

成衣尺寸

胸围（英寸）	5
胸围（厘米）	13
长度（英寸）	2¾
长度（厘米）	7

编织方法

前片和后片（各1片）

- 起13针。

- 第1行（正面）：织下针。

- 第2行：织下针。

- 第3行：织下针。

- 第4针：织上针。

- 重复第3、4行的织法，直到织片的长度大概达到2¾英寸/7厘米。

- 织1行下针。

- 收针。

- 将前片和后片反面相对叠合，从起针的边开始，在左、右两侧各缝合1½英寸/4厘米。

- 在两侧肩膀各缝合几针。

- 自选：用另一种颜色的线，模仿宝贝背心的蕾丝花样，在玩偶
  背心上绣出装饰图案，如右图所示。

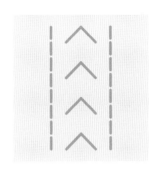

6																		

□ 正面织下针, 反面织上针

○ 挂针

／ 左下2针并1针

╲ 右下2针并1针

蕾丝编织图

- 第1行（正面）：织左下2针并1针，挂针，织1针下针，挂针，右下2针并1针，织3针下针，挂针，右下2针并1针，织2针下针，左下2针并1针，挂针，织1针下针，挂针，右下2针并1针。

- 第2行（反面）：织17针上针。

- 第3行：织左下2针并1针，挂针，织1针下针，挂针，右下2针并1针，织1针下针，左下2针并1针，挂针，织1针下针，挂针，右下2针并1针，织1针下针，左下2针并1针，挂针，织1针下针，挂针，右下2针并1针。

- 第4行：织17针上针。

- 第5行：织左下2针并1针，挂针，织1针下针，挂针，右下2针并1针，左下2针并1针，挂针，织3针下针，挂针，右下2针并1针，左下2针并1针，挂针，织1针下针，挂针，右下2针并1针。

- 第6行：织17针上针。

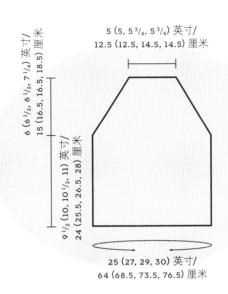

5 (5, 5 3/4, 5 3/4) 英寸/
12.5 (12.5, 14.5, 14.5) 厘米

6 (6 1/2, 6 1/2, 7 1/4) 英寸/厘米
15 (16.5, 16.5, 18.5) 厘米

9 1/2 (10, 10 1/2, 11) 英寸/厘米
24 (25.5, 26.5, 28) 厘米

25 (27, 29, 30) 英寸/
64 (68.5, 73.5, 76.5) 厘米

宝贝的露背背心

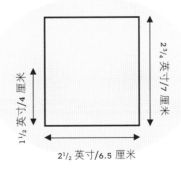

2 3/4 英寸/7 厘米

1 1/2 英寸/4 厘米

2 1/2 英寸/6.5 厘米

玩偶的露背背心

8

普埃
布拉上衣

这款上衣的设计受到了来自墨西哥的漂亮的 "China Poblana" 绣花乡下人上衣（在美国被称为 "Puebla dresses"）的启发。图片所示的衣服绣花非常简单，您可以随自己喜欢，将衣服的绣花做得更精美。

该上衣是从领口到下摆织成一片，带有摆动的短袖，在前片的衣领还设计有一颗纽扣。凸编收针营造出截然不同的花边状装饰，您可以用一个系列颜色的线刺绣图案。您还可以用以前剩下的其他毛线来做装饰，但是，请先确定您将要用的毛线的纤维含量与该款毛衣所使用的主要毛线的纤维含量是一样的。这样做的目的是确保当您洗成品毛衣的时候，不会发生缩水现象。

宝贝的普埃布拉上衣

材料

毛线

LB竹棉线（52%棉，48%竹纤维；每团100克，225米）
主色线：玫红色，使用2（2,3,3）团
配色线：柠檬黄色，使用1团，所有尺码
刺绣线：根据需要，用于装饰的其他颜色。图片上的衣服使用了樱花粉色和柿子色等

编织针

美国6号（直径4毫米）24英寸/60厘米环形针、双头棒针，或需要的与密度相配的其他型号的针
美国G-6号（直径4毫米）钩针（可选）

常用工具

2颗直径约1.25厘米的纽扣
织补针
4个记号圈
2个防解别针或几根废线

密度

上下针织法，每4英寸×4英寸/10厘米×10厘米范围内
织21针，24行

尺寸 ◇ 图片毛衣显示的尺寸：8码

尺码	4	6	8	10
合身胸围（英寸）	23	25	27	28
合身胸围（厘米）	58.5	63.5	68.5	71

成衣尺寸

胸围（英寸）	24¼	25¾	27¼	29
胸围（厘米）	62	66	69.5	73.5
总长度（英寸）	16½	20	21	23½
总长度（厘米）	41.5	51	53.5	60

编织方法

育克

- 从衣领的边开始，用主色线，起72（72,84,84）针。

- 第1行（反面）：织上针，如下放置记号圈：前片织14（14,16,16）针上针，放记号圈；袖子织8（8,10,10）针上针，放记号圈；后片织28（28,32,32）针上针，放记号圈；袖子织8（8,10,10）针上针，放记号圈；前片织14（14,16,16）针上针。

- 第2行：加针行（正面）：织3针上针（边缘编织的针目），【织下针直到记号圈前的那一针，挂针，织1针下针，将记号圈移到另一棒针，织1针下针，挂针】重复织4次，织下针直到最后3针，织3针上针（边缘编织的针目）——共增加8针，每个记号圈的每一边加1针。

- 第3行：织上针。

- 重复17(19,19,21)次第2、3行的织法,将剩下的边的针目织平针(每一行都织上针),以反面行结束——共216(232,244,260)针:每个前片32(34,36,38)针,后片64(68,72,76)针,每个袖子44(48,50,54)针。

分开的袖子及与身片的组合

注意:在前片与后片之间的每个腋窝处放记号圈或者在这行编织的时候,在腋窝的中间放记号圈。从这里开始,放置的腋窝记号圈就成为圈编的开始。

- 前片织32(34,36,38)针下针,将接着的袖子上的44(48,50,54)针穿在防解别针上,腋窝处放记号圈,后片织64(68,72,76)针下针,将接着的袖子上的44(48,50,54)针穿在防解别针上,腋窝处放记号圈,前片织32(34,36,38)针下针;将这些针目连起来开始圈编:身片共128(136,144,152)针。织下针直到左腋窝处放置的第一个记号圈。现在,这是表示圈编的开始。

身片

- 第1~3圈:织上针。

- 第4圈:织下针。

- 第5圈:加针圈:*织10针下针,加1针;从*开始重复编织,直到最后8(6,4,2)针,织下针直到结束——共增加12(13,14,15)针;共计140(149,158,167)针。

- 第6~10圈:以下针继续编织,不另外加减针。

- 第11圈:加针圈:*织10针下针,加1针;从*开始重复编织,直到最后0(9,8,7)针,织下针直到结束——共增加14(14,15,16)针;该圈共计154(163,173,183)针。

- 以下针继续编织,不另外加减针,再织37(55,61,73)圈,直到从腋窝处开始量,长度达到8(11,12,14)英寸/20(28,30.5,35.5)厘米。

装饰

(见第102页的普埃布拉装饰编织图)

- 换成配色线。

- 第1圈:织下针,减少0(1,1,1)针——该圈共计154(162,172,182)针。

- 第2、3圈:织上针。

- 第4圈:织下针。

- 第5圈:*织左下2针并1针,挂针;从*开始重复编织。

- 第6圈:织下针。

- 第7~11圈:重复第2~6圈的织法。

- 第12、13圈:重复第2、3圈的织法。

- 第14、15圈:织下针。

- 用凸编收针的方法收针,做法如下:收3针,*用下针加针起针法起3针,收5针;从*开始重复编织,将其余的针目收针。

袖子

(织2次)

- 将一只袖子上的44(48,50,54)针从防解别针上移到环形针或者双头棒针上。

- 把这些针目连起来进行圈编;在腋窝的中心放记号圈开始圈编。

- 第1圈:用主色线,*【织5针下针,加1针】;从*开始重复编织,直到最后4(8,0,4)针,织下针直到结束——共增加8(8,10,10)针;该圈共计52(56,60,64)针。

- 使用配色线,像身片一样,编织装饰。

收尾

- 使用钩针和配色线，围着领口单独用钩针织1行。另一种方法是，对在领口处起针的每一针进行挑针并织1针下针。收针。

- 用刺绣模板做指导进行前胸的刺绣装饰。

- 用钩针，将挂线与左前片衣领的边连在一起，钩织8针，移针到平针的边缘，向下$\frac{1}{2}$英寸/1厘米，做出一个扣环。在左侧，从平针的边缘往下一半的地方，以相同方法再做一个扣环。

- 在右侧扣环相对应的位置钉纽扣。

- 将所有的线头藏起来并按照给出的尺寸整烫。

普埃布拉上衣的刺绣装饰

用1根织补针或者缝衣针，用缝衣线或刺绣线在这款毛衣上进行刺绣。

想要绣出开口周围的边界，用如下步骤来刺绣：

步骤1

步骤2

步骤3

想要绣出花朵图案，用双面针迹**来绣出下面的图案：

一朵花的图案您可以用几种不同颜色的线来绣，可以让花朵看起来更加多样化。

**双面针迹：很简单，将喜欢的配色线穿入织补针或者缝衣针，用配色线模仿实际织物的针脚。将织补针从织物的反面插入，插入点位于用下针织出的V形低点。将线向上拉，穿过织物到正面，针从上一行的V形针目的后面穿过（即挑起上一行的下针针目），然后，再向下插入第1针的V形低点。

妈妈的普埃布拉上衣

材料

毛线

LB竹棉线（52%棉，48%竹纤维；每团100克，225米）
主色线：柿子色，使用3（4,4,5,5,5）团
配色线：柠檬黄色，使用1团，所有尺码
刺绣线：根据需要，用于装饰的其他颜色。图片上的衣服使用了樱花粉色和玫红色等

编织针

美国6号（直径4毫米）24英寸/60厘米环形针、双头棒针，或需要的与密度相配的其他型号的针
美国G-6号（直径4毫米）钩针（可选）

常用工具

3颗直径约1.25厘米的纽扣
织补针
4个记号圈
2个防解别针或几根废线

密度

上下针织法，每4英寸×4英寸/10厘米×10厘米范围内
织21针，24行

尺寸 ◇ 图片毛衣显示的尺寸：S号（34码）

尺码	XS	S	M	L	XL	XXL
合身胸围（英寸）	30	34	38	42	46	50
合身胸围（厘米）	76	86.5	97	106.5	116	127

成衣尺寸

	XS	S	M	L	XL	XXL
胸围（英寸）	$32\frac{3}{4}$	$34\frac{1}{4}$	38	42	46	50
胸围（厘米）	83	87	97	106.5	116	127
总长度（英寸）	$28\frac{1}{2}$	29	$29\frac{1}{2}$	32	$32\frac{3}{4}$	33
总长度（厘米）	72.5	73.5	75	81.5	82.5	83

编织方法 ◇

育克

- 从衣领的边开始，用主色线，起112（112,124,124,136,136）针。

- 第1行（反面）：织上针，如下放置记号圈：前片织21（21,23,23,25,25）针上针，放记号圈；袖子织14（14,16,16,18,18）针上针，放记号圈；后片织42（42,46,46,50,50）针上针，放记号圈；袖子织14（14,16,16,18,18）针上针，放记号圈；前片织21（21,23,23,25,25）针上针。

- 第2行：加针行（正面）：织3针上针做平针的边缘编织的针目，【织下针直到记号圈前的那一针，挂针，织1针下针，将记号圈移到另一棒针，织1针下针，挂针】重复织4次，织下针直到最后3针，织3针上针作为边缘编织的针目——共增加8针，每个记号圈的每一边加1针。

- 第3行（反面）：织上针。

- 重复21（23,24,24,25,26）次第2、3行的织法，以反面行结束——共288（304,324,324,344,352）针：每个前片43（45,48,48,51,52）针，后片86（90,96,96,102,104）针，每个袖子58（62,66,66,70,72）针。

分开的袖子及与身片的组合

- 前片织43（45,48,48,51,52）针下针，将接着的袖子上的58（62,66,66,70,72）针穿在防解别针上，用下针加针起针法在腋窝处起0（0,4,14,18,27）针，在这些针目的中间位置放记号圈；后片织86（90,96,96,102,104）针下针，将接着的袖子上的58（62,66,66,70,72）针穿在防解别针上，在腋窝处起0（0,4,14,18,27）针，在这些针目的中间位置放记号圈；前片织43（45,48,48,51,52）针下针——身片共172（180,200,220,240,262）针。将这些针目连起来开始圈编，织下针直到左腋窝处放置的记号圈。现在，这是表示圈编的开始。

身片

- 第1~4圈：织下针。

- 第5圈：加针圈：*织10针下针，加1针；从*开始重复编织，直到最后2（0,0,0,0,2）针，织下针直到结束——共增加17（18,20,22,24,26）针；该圈共计189（198,220,242,264,288）针。

- 第6~10圈：织下针。

- 第11圈：加针圈：*织10针下针，加1针；从*开始重复编织，直到最后9（8,0,2,4,8）针，织下针直到结束——共增加18（19,22,24,26,28）针；该圈共计207（217,242,266,290,316）针。

仅适用于XS号和S号

- 以下针继续编织，不另外加减针，直到从腋窝处开始量，织片长度达到15（16）英寸/38（40.5）厘米。之后继续进行装饰编织。

适用于M号、L号、XL号和XXL号

- 用引返针织法编织胸省，具体如下：

- 引返针第1行（正面）：织下针直到左腋窝记号圈前的10针，将挂线绕过针脚，然后翻面。织上针直到右腋窝记号圈前的10针，将挂线绕过针脚，然后翻面。

- 引返针第2行：织下针直到被绕线的那个针目前的6针，将挂线绕过针脚，然后翻面。织上针直到被绕线的那个针目前的6针，将挂线绕过针脚，然后翻面。

- 重复1（5,8,11）次引返针第2行的织法。

- 下一行：织下针，将绕线连同被绕线的针目一起进行编织，重新开始圈编。

注意：根据您的罩杯大小，在胸省处您可以多织或者少织几个引返针；在毛衣的前片，每3行一组的引返针增加深度1英寸/2.5厘米。

- 以下针继续编织，不另外加减针，直到从腋窝处开始量，织片长度达到16（16$^1/_2$,17,17）英寸/40.5（42,43,43）厘米，量的时候沿着侧缝量或者从后片往下量。

装饰（所有尺码）
（见第102页的普埃布拉装饰编织图）

- 换成配色线。

- 第1圈：织下针，减少1（1,0,0,0,0）针——该圈还剩206（216,242,266,290,316）针。

- 第2、3圈：织上针。

- 第4圈：织下针。

- 第5圈：*织左下2针并1针，挂针；从*开始重复编织。

- 第6圈：织下针。

- 第7~11圈：重复第2~6圈的织法。

- 收针。

袖子
（织2次）

- 将一只袖子上的58（62,66,66,70,72）针从防解别针上移到环形针或者双头棒针上。从在腋窝处起针的针目上挑针并织0（0,4,14,18,27）针下针——共计58（62,70,80,88,99）针。

- 使用配色线，像身片一样，进行装饰编织，在第1圈增加0（0,0,0,0,1）针。

收尾

- 使用钩针和配色线，沿着领口单独用钩针织1行。

- 另一种方法是，使用配色线，围着整个领口进行挑针并织112（112,124,124,136,136）针下针。收针。

- 用刺绣模板做指导进行前胸的刺绣装饰。

- 用钩针，将挂线与左前片衣领的边连在一起，钩织8针，移针到平针的边缘，向下$\frac{1}{2}$英寸/1厘米，做出一个扣环。在左侧，从平针的边缘往下每间隔2英寸/5厘米的地方，以相同方法再做2个扣环。

- 在右侧扣环相对应的位置钉纽扣。

- 将所有的线头藏起来并按照给出的尺寸整烫。

		15
14		
	●	●	13
12	●	●	
		11
10	○	╱	
		9
8	●	●	
	●	●	7
6		
	○	╱	5
4		
	●	●	3
2	●	●	
		1

重复2针

☐	正面织下针, 反面织上针
◉	正面织上针, 反面织下针
○	挂针
╱	左下2针并1针

普埃布拉装饰编织图

- 第1圈: 织2针下针。
- 第2圈: 织2针下针。
- 第3圈: 织2针上针。
- 第4圈: 织2针上针。
- 第5圈: 织左下2针并1针, 挂针。
- 第6圈: 织2针上针。
- 第7圈: 织2针上针。
- 第8圈: 织2针下针。
- 第9圈: 织2针下针。
- 第10圈: 挂针, 织左下2针并1针。
- 第11圈: 织2针下针。
- 第12圈: 织2针下针。
- 第13圈: 织2针上针。
- 第14圈: 织2针上针。
- 第15圈: 织2针下针。

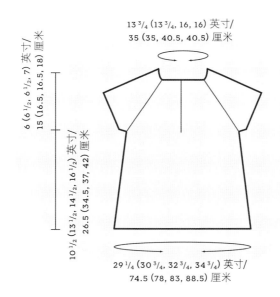

13 ³/₄ (13 ³/₄, 16, 16) 英寸/
35 (35, 40.5, 40.5) 厘米

6 (6¹/₂, 6¹/₂, 7) 英寸/
15 (16.5, 16.5, 18) 厘米

10¹/₂ (13¹/₂, 14¹/₂, 16¹/₂) 英寸/
26.5 (34.5, 37, 42) 厘米

29 ¹/₄ (30 ³/₄, 32 ³/₄, 34 ³/₄) 英寸/
74.5 (78, 83, 88.5) 厘米

宝贝的普埃布拉上衣

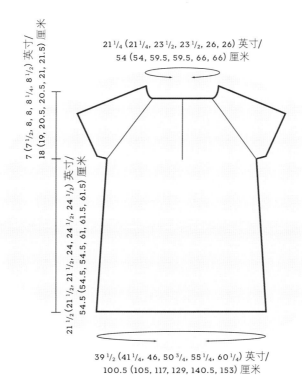

21¹/₄ (21¹/₄, 23¹/₂, 23¹/₂, 26, 26) 英寸/
54 (54, 59.5, 59.5, 66, 66) 厘米

7 (7¹/₂, 8, 8, 8¹/₄, 8¹/₂) 英寸/
18 (19, 20.5, 20.5, 21, 21.5) 厘米

21¹/₂ (21¹/₂, 24, 24 ¹/₂, 24 ¹/₂) 英寸/
54.5 (54.5, 54.5, 61, 61.5, 61.5) 厘米

39¹/₂ (41¹/₄, 46, 50³/₄, 55¹/₄, 60¹/₄) 英寸/
100.5 (105, 117, 129, 140.5, 153) 厘米

妈妈的普埃布拉上衣

9

艺术家坎肩

　　这款坎肩使用的是粗粗的美利奴羊毛线，可以很快织好。坎肩整洁的线条和锯齿状的饰边使它看起来既别致又简洁。在每个前片的中心部位使用一组加针，制作出了卷起的饰边和下摆，不用给坎肩的身片增加体积，就可以营造出流动的感觉。

宝贝的艺术家坎肩

材料

毛线
Malabrigo Chunky（纯美利奴
羊毛；每团100克，92米）
主色线：浅蓝色，使用3（3,4,4）团
配色线：紫褐色，使用1（1,1,1）团

编织针
美国9号（直径5.5毫米）24英
寸/60厘米环形针，或需要的与
密度相配的其他型号的针

常用工具
钩针
织补针
4个记号圈
几个防解别针

密度
上下针织法，每4英寸×4英
寸/10厘米×10厘米范围内
织4针，20行

尺寸　◇　图片毛衣显示的尺寸：4码

尺码	4	6	8	10
合身胸围（英寸）	23	25	27	28
合身胸围（厘米）	58.5	63.5	68.5	71

成衣尺寸

胸围（英寸）	25	27	29	31
胸围（厘米）	63.5	68.5	73.5	78.5
长度（英寸）	16¼	18	19	20½
长度（厘米）	41	45.5	48	52

编织方法　◇

育克

- 起26（26,32,32）针。

- 第1行（反面）：织上针，如下放置记号圈：前片织2（2,2,2）针上针，放记号圈；袖子织3（3,5,5）针上针，放记号圈；后片织16（16,18,18）针上针，放记号圈；袖子织3（3,5,5）针上针，放记号圈；前片织2（2,2,2）针上针。

- 第2行：【织下针直到记号圈前的那一针，在同一针目织下针与扭针进行加针，将记号圈移到另一棒针，在同一针目织下针与扭针进行加针】重复织4次，织下针直到结束。

- 第3行：织下针。

- 重复5（6,6,7）次第2、3行的织法。

- 再重复1次第2行的织法。每个前片9（10,10,11）针，每个袖子17（19,21,23）针，后片30（32,34,36）针。共82（90,96,104）针。

盖肩袖的收针

- 下一行（反面）：右前片织9（10,10,11）针上针，右袖收针17（19,21,23）针，后片织30（32,34,36）针上针，左袖收针17（19,21,23）针，左前片织9（10,10,11）针上针。

- 将右前片和后片的针目穿在防解别针上，稍后再织。在此，要分别织2个前片和后片，直到达到需要的袖窿深，然后将它们连在一起，将后片与前片织成一个织片，直到下摆处。

左前片

- 您要开始织前片的中间部分，每4行进行加针，同时在袖窿处（插肩线）每隔一行进行加针，具体如下：

- 组合行（正面）：织4针下针，在同一针目织下针与扭针进行加针，放记号圈，在同一针目织下针与扭针进行加针，织下针直到棒针上的最后1针，在同一针目织下针与扭针进行加针。

- 第1行（反面）：织上针。

- 第2行：织下针直到最后1针，在同一针目织下针与扭针进行加针。

- 第3行（反面）：织上针。

- 第4行：织下针直到记号圈前的那一针，在同一针目织下针与扭针进行加针，将记号圈移到另一棒针，在同一针目织下针与扭针进行加针，织下针直到最后1针，在同一针目织下针与扭针进行加针。

- 重复1（1,2,2）次第1~4行的织法。

- 仅仅适用于4码和6码：再重复1次第1、2行的织法。共21（22,25,26）针。

- 反面行织1行上针。

- 将这些针目穿在防解别针上，将后片的针目移到正在编织的棒针上。

后片

- 将挂线剪断，与后片的30（32,34,36）针重新接上，准备织1行正面行。

- 第1行（正面）：在同一针目织下针与扭针进行加针，织下针直到最后1针，在同一针目织下针与扭针进行加针。

- 第2行：织上针。

- 重复5（5,6,6）次第1、2行的织法。共42（44,48,50）针。将这些针目穿在防解别针上，将右前片的针目移到正在编织的棒针上。

右前片

- 将挂线剪断，与右前片的针目重新接上，准备织1行正面行。

- 组合行（正面）：在同一针目织下针与扭针进行加针，织2（3,3,4）针下针，在同一针目织下针与扭针进行加针，放记号圈，在同一针目织下针与扭针进行加针，织4针下针。

- 第1行（反面）：织上针。

- 第2行：在同一针目织下针与扭针进行加针，织下针直到最后1针。

- 第3行（反面）：织上针。

- 第4行：在同一针目织下针与扭针进行加针，织下针直到记号圈前的那一针，在同一针目织下针与扭针进行加针，放记号圈，在同一针目织下针与扭针进行加针，织下针直到最后1针。

- 重复1（1,2,2）次第1~4行的织法。

- 仅仅适用于4码和6码：再重复1次第1、2行的织法。共21（22,25,26）针。

- 反面行织1行上针。

- 将挂线剪断，与左前片的边重新接上，准备织1行正面行。

- 此时，您要将各部分的针目都移到环形针上，全部按照正确的顺序排列，将织片正面朝向编织者。

身片的连接

- 按照设置，在每个前片的中间从上向下，每4行进行加针。

- 按照正确的顺序，将所有后片的针目都移到正在编织的棒针上，将织片正面朝向编织者。

- 将挂线重新接上左前片的边。

- 左前片织下针，为了保持花样的连续性，如果需要的话，在前片的中间进行加针，用简易式起针法（线圈向后）在腋窝处起1（2,2,3）针，后片织下针，用简易式起针法（线圈向后）在腋窝处起1（2,2,3）针，前片织下针，如果需要的话，在前片中间的记号圈处进行加针。共90（96,102,108）针。

- 第1行：织上针。

- 第2行：织下针，如果需要的话，在2个前片的中间分别进行加针。

- 重复第1、2行的织法，按照上面设定的，每4行在前片的中间进行加针，直到织片的长度达到8（9,10,11）英寸/20（23,25.5,28）厘米，或者直到织片的长度比想要的总长度短2英寸/5厘米。

身片的收尾

- 换成配色线，织11行平针，继续在前片中间的记号圈处进行加针。

- 收针。

锯齿状的饰边

（见第109页锯齿状的饰边编织图）

- 用配色线，起7针。

- 第1行（正面）：织左下2针并1针，织下针直到结束（6针）。

- 第2行及所有的偶数行：织下针。

- 第3行：织左下2针并1针，织下针直到结束（5针）。

- 第5行：织左下2针并1针，织下针直到结束（4针）。

- 第7行：织左下2针并1针，织下针直到结束（3针）。

- 第9行：滑1针，挂针，织下针直到结束（4针）。

- 第11行：滑1针，挂针，织下针直到结束（5针）。

- 第13行：滑1针，挂针，织下针直到结束（6针）。

- 第15行：滑1针，挂针，织下针直到结束（7针）。

- 第16行：织下针。

- 再重复12（12,13,13）次第1~16行的织法，共制作出11（11,12,12）个完整的三角形，在每一端是半个三角形。

由于饰边是织在了毛衣的前片上，要注意：

- 沿着装饰处和坎肩的平针的行边向上排列编织，这样做，使得饰边看起来就像是身片边缘编织的延伸。

- 小心地将各个织片织在一起，这样，装饰的每一行都能与坎肩身片的行边连起来。（您不必将每一针都缝合在一起，但是它们应该排成一列。）

- 后片衣领的中心应该位于1个较大尺寸的三角形的中心点或者2个较小尺寸的三角形之间的中心点。

收尾

- 藏线头。

- 使用配色线，沿着袖窿用钩针织一整圈。

- 另一种方法是，使用配色线，沿着袖窿挑针并织1圈下针，收针。

- 在整烫的时候，您可能想用蒸汽熨斗，在毛衣底边的平针部分，您要轻柔地移动熨斗，将下摆熨开，并清晰地显示出由每个前片记号圈所塑造出来的点。

锯齿状的饰边编织图

	7	6	5	4	3	2	1	
	●	●	●	●	●	●	●	16
						○	V	15
	▨	●	●	●	●	●	●	14
						○	V	13
	▨	▨	●	●	●	●	●	12
						○	V	11
	▨	▨	▨	●	●	●	●	10
						○	V	9
	▨	▨	▨	▨	●	●	●	8
							╲	7
	▨	▨	▨	▨	●	●	●	6
								5
	▨	▨	▨	●	●	●		4
	▨							3
	▨	●	●	●	●	●	●	2
							╲	1

符号	说明	符号	说明
╲	左下2针并1针	V	滑针
□	正面织下针，反面织上针	○	挂针
●	正面织上针，反面织下针	▨	无针，直接跳到编织图的下一格

- 这个编织图是按照奇数行为正面的方式所绘的，也是从实物正面来看所绘的。实际片织的话，偶数行要与编织图相反方向编织。

（绘图/李玉珍）

妈妈的艺术家坎肩

材料

毛线

Malabrigo Chunky（纯美利奴羊毛；每团100克，92米）

主色线：浅蓝色，使用4（5,5,5,6,6）团

配色线：紫褐色，使用1（1,1,2,2,2）团

编织针

美国9号（直径5.5毫米）24英寸/60厘米环形针，或需要的与密度相配的其他型号的针

常用工具

钩针

织补针

4个记号圈

几个防解别针

密度

上下针织法，每4英寸×4英寸/10厘米×10厘米范围内织4针，20行

尺寸 ◇ 图片毛衣显示的尺寸：S号（34码）

尺码	XS	S	M	L	XL	XXL
合身胸围（英寸）	30	34	38	42	46	50
合身胸围（厘米）	76	86.5	96.5	106.5	117	127

成衣尺寸

	XS	S	M	L	XL	XXL
胸围（英寸）	32	36½	40	44½	48	52½
胸围（厘米）	81.5	92.5	101.5	113	122	133.5
长度（英寸）	21	21½	21¾	23¼	23½	24
长度（厘米）	53.5	54.5	55	59	59.5	61

编织方法 ◇

育克

- 起34（38,38,38,46,46）针。

- 组合行（反面）：织上针，如下放置记号圈：前片织2（2,2,2,2,2）针上针，放记号圈；袖子织7（7,7,7,9,9）针上针，放记号圈；后片织16（20,20,20,24,24）针上针，放记号圈；袖子织7（7,7,7,9,9）针上针，放记号圈；前片织2（2,2,2,2,2）针上针。

- 第1行：【织下针直到记号圈前的那一针，在同一针目织下针与扭针进行加针，将记号圈移到另一棒针，在同一针目织下针与扭针进行加针】重复织4次，织下针直到最后1针。

- 第2行：织上针。

- 重复7（7,8,9,9,9）次第1、2行的织法。

- 再重复1次第1行的织法。每个前片11（11,12,13,13,13）针，每个袖子25（25,27,29,31,31）针，后片34（38,40,42,46,46）针。共106（110,118,126,134,134）针。

盖肩袖的收针

- 右前片织11（11,12,13,13,13）针上针，右袖收针25（25,27,29,31,31）针，后片织34（38,40,42,46,46）针上针，左袖收针25（25,27,29,31,31）针，左前片织11（11,12,13,13,13）针上针。

- 将右前片和后片的针目穿在防解别针上，稍后再织。在此，要分别织2个前片和后片，直到达到需要的袖窿深，然后将它们连在一起，将后片与前片织成一个织片，直到下摆处。

左前片

- 开始织前片的中间部分，每4行进行加针，同时在袖窿的边（插肩线）每隔一行进行加针，具体如下：

- 组合行（正面）：织4针下针，在同一针目织下针与扭针进行加针，放记号圈，在同一针目织下针与扭针进行加针，织下针直到棒针上的最后1针，在同一针目织下针与扭针进行加针。

- 第1行（反面）：织上针。

- 第2行：织下针直到最后1针，在同一针目织下针与扭针进行加针。

- 第3行（反面）：织上针。

- 第4行：织下针直到记号圈前的那一针，在同一针目织下针与扭针进行加针，将记号圈移到另一棒针，在同一针目织下针与扭针进行加针，织下针直到最后1针，在同一针目织下针与扭针进行加针。

- 重复3（3,3,3,4,4）次第1~4行的织法。然后，再重复0（1,1,1,0,1）次第1、2行的织法。

- 反面行织1行上针。共31（32,33,34,37,38）针。

- 按照上面设定的（每个正面行织插肩袖加针，且在前片的中间部分每4行进行加针）部分进行编织，直到从起针行开始共计35（37,39,41,43,45）行。

后片

- 将挂线剪断，与后片的针目重新接上，准备织1行正面行。

- 第1行（正面）：在同一针目织下针与扭针进行加针，织下针直到最后1针，在同一针目织下针与扭针进行加针。

- 第2行：织上针。

- 重复8（9,9,9,10,11）次第1、2行的织法。共52（58,60,62,68,70）针。

右前片

- 组合行（正面）：在同一针目织下针与扭针进行加针，织4（4,5,6,6,6）针下针，在同一针目织下针与扭针进行加针，放记号圈，在同一针目织下针与扭针进行加针，织下针直到结束。

- 第1行（反面）：织上针。

- 第2行：织下针直到最后1针，在同一针目织下针与扭针进行加针。

- 第3行（反面）：织上针。

- 第4行：织下针直到记号圈前的那一针，在同一针目织下针与扭针进行加针，将记号圈移到另一棒针，在同一针目织下针与扭针进行加针，织下针直到最后1针，在同一针目织下针与扭针进行加针。

- 重复3（3,3,3,4,4）次第1~4行的织法。然后，再重复0（1,1,1,0,1）次第1、2行的织法。

- 反面行织1行上针。共31（32,33,34,37,38）针。

身片

- 按照正确的顺序，将各部分的针目都移到正在编织的棒针上，将织片正面朝向编织者。将挂线重新接上左前片的边，准备织1个正面行。按照上面设定的，每4行在前片的记号圈处继续进行加针。

- 组合行（正面）：左前片织下针，如果需要的话，在前片中间的记号圈处进行加针。用简易式起针法（线圈向后）在腋窝处起2（3,6,11,13,17）针。后片织下针，在后片的中间放一个记号圈；用简易式起针法（线圈向后）在腋窝处起2（3,6,11,13,17）针；前片织下针，如果需要的话，在前片中间的记号圈处进行加针。

- 第1行：织上针。

- 第2行：织下针，如果需要的话，在2个前片的中间分别进行加针。

- 按照上面设定的继续编织，直到从腋窝连接处开始的织片长度达到2英寸/5厘米，以反面行结束。

- 按照上面设定的，在两个前片的中间分别继续进行加针，同时：

在腰部减针

- 第1行：织下针直到后片中间记号圈前的2针，从针目后方穿入棒针，织左下2针并1针，将记号圈移到另一棒针，织左下2针并1针，织下针直到行的结束。

- 第2行：织上针。

- 第3行：织下针。

- 第4行：织上针。

- 重复3次第1~4行的织法。共减少8针。

- 以相同花样继续编织，不另外加减针，织4行。

在腰部加针

- 第1行：织下针直到后片中间的记号圈处，左挑针加针，将记号圈移到另一棒针，右挑针加针，织下针直到结束。

- 第2行：织上针。

- 重复3次第1、2行的织法。共加针8针。

身片的收尾

- 按照设定的，继续织12（12,12,16,16,16）行。从腋窝处开始量，坎肩长度为10（10,10,11,11,11）英寸/25.5（25.5,25.5,28,28,28）厘米。

- 换成配色线，织19行平针，继续在前片中间的记号圈处进行加针。

- 收针。

锯齿状的饰边
（见第114页锯齿状的饰边编织图）

- 用配色线，起10针。

- 第1行及所有的奇数行（正面）：织下针。

- 第2行：织左下2针并1针，织下针直到结束（9针）。

- 第4行：织左下2针并1针，织下针直到结束（8针）。

- 第6行：织左下2针并1针，织下针直到结束（7针）。

- 第8行：织左下2针并1针，织下针直到结束（6针）。

- 第10行：织左下2针并1针，织下针直到结束（5针）。

- 第12行：织左下2针并1针，织下针直到结束（4针）。

- 第14行：织左下2针并1针，织下针直到结束（3针）。

- 第16行：滑1针，挂针，织下针直到结束（4针）。

- 第18行：滑1针，挂针，织下针直到结束（5针）。

- 第20行：滑1针，挂针，织下针直到结束（6针）。

- 第22行：滑1针，挂针，织下针直到结束（7针）。

- 第24行：滑1针，挂针，织下针直到结束（8针）。

- 第26行: 滑1针, 挂针, 织下针直到结束(9针)。

- 第28行: 滑1针, 挂针, 织下针直到结束(10针)。

- 重复9(9,9,10,10,10)次第1~28行的织法, 共制作出8(8,8,9,9,9)个完整的三角形, 在每一端是半个三角形。

由于饰边是织在了毛衣的前片上, 要注意:

- 沿着装饰处和坎肩的平针的行边向上排列编织, 这样做, 使得饰边看起来就像是身片边缘编织的延伸。

- 小心地将各个织片织在一起, 这样, 装饰的每一行都能与坎肩身片的行边连起来。(您不必将每一针都缝合在一起, 但是它们应该排成一列。)

- 后片衣领的中心应该位于1个较大尺寸的三角形的中心点或者2个较小尺寸的三角形之间的中心点。

收尾

- 藏线头。

- 使用配色线, 沿着袖窿用钩针织一整圈。

- 另一种方法是, 使用配色线, 沿着袖窿挑针并织1圈下针, 收针。

- 在整烫的时候, 您可能想用蒸汽熨斗, 在毛衣底边的平针部分, 您要轻柔地移动熨斗, 将下摆熨开, 并清晰地显示出由每个前片记号圈所塑造出来的点。

锯齿状的饰边编织图

	左下2针并1针		滑针
	正面织下针, 反面织上针		挂针
●	正面织上针, 反面织下针		无针, 直接跳到编织图的下一格

- 这个编织图是按照奇数行为正面的方式所绘的, 也是从实物正面来看所绘的。实际片织的话, 偶数行要与编织图相反方向编织。

（绘图/李玉珍）

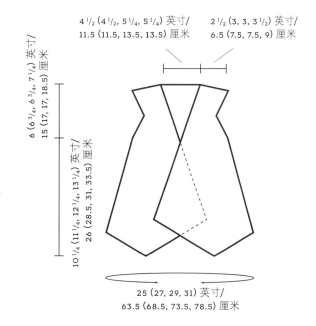

4 1/2 (4 1/2, 5 1/4, 5 1/4) 英寸/
11.5 (11.5, 13.5, 13.5) 厘米

2 1/2 (3, 3, 3 1/2) 英寸/
6.5 (7.5, 7.5, 9) 厘米

6 (6 3/4, 6 3/4, 7 1/4) 英寸/
15 (17, 17, 18.5) 厘米

10 1/4 (11 1/4, 12 1/4, 13 1/4) 英寸/
26 (28.5, 31, 33.5) 厘米

25 (27, 29, 31) 英寸/
63.5 (68.5, 73.5, 78.5) 厘米

宝贝的艺术家坎肩

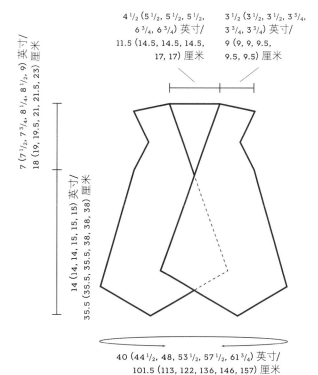

4 1/2 (5 1/2, 5 1/2, 5 1/2,
6 3/4, 6 3/4) 英寸/
11.5 (14.5, 14.5, 14.5,
17, 17) 厘米

3 1/2 (3 1/2, 3 1/2, 3 3/4,
3 3/4, 3 3/4) 英寸/
9 (9, 9, 9.5,
9.5, 9.5) 厘米

7 (7 1/2, 7 3/4, 8 1/4, 8 1/2, 9) 英寸/
18 (19, 19.5, 21, 21.5, 23) 厘米

14 (14, 14, 15, 15, 15) 英寸/
35.5 (35.5, 35.5, 38, 38, 38) 厘米

40 (44 1/2, 48, 53 1/2, 57 1/2, 61 3/4) 英寸/
101.5 (113, 122, 136, 146, 157) 厘米

妈妈的艺术家坎肩

披肩和围巾

宝贝的"披肩"是一条小小的围巾，围绕着衣领垂下来，就像一条领巾。

我有两个女儿，她们都不能围披肩，因为她们还太小，但是她们都戴围巾。我创作出了这款锁眼版的围巾，这样我可以放心地将它戴在我一岁的女儿身上，而她不知道怎么才能把它去掉。如果您的小女儿对编织感兴趣，不妨让孩子自己织这条围巾的平针部分。

妈妈的披肩

材料

毛线
Malabrigo美利奴精纺毛纱线
（100%美利奴羊毛；每团100
克，197米）
深红色，使用2团

编织针
美国7号（直径4.5毫米）24英
寸/60厘米环形针

常用工具
织补针
记号圈

密度
上下针织法，每4英寸×4英
寸/10厘米×10厘米范围内
织18针，32行

编织方法 ◇

插入平针

- 起3针。

- 织6行下针。

- 将织片旋转90度，沿着平针的边挑3针。

- 将织片旋转90度，从起针边挑3针。

- 9针。

开始披肩的成形编织

- 第1行（反面）：织3针下针，3针上针，3针下针。

- 第2行：织3针下针，放记号圈，挂针，织1针下针，挂针，放记号圈，织1针下针，放记号圈，挂针，织1针下针，挂针，放记号圈，织3针下针（13针）。

- 第3行：织3针下针，7针上针，3针下针。

- 第4行：织3针下针，将记号圈移到另一棒针，挂针，织3针下针，挂针，将记号圈移到另一棒针，织1针下针，将记号圈移到另一棒针，挂针，织3针下针，挂针，将记号圈移到另一棒针，织3针下针（17针）。

- 第5行：织3针下针，11针上针，3针下针。

- 第6行：织3针下针，将记号圈移到另一棒针，挂针，织下针直到记号圈处，挂针，将记号圈移到另一棒针，织1针下针，将记号圈移到另一棒针，挂针，织下针直到下一个记号圈处，挂针，将记号圈移到另一棒针，织3针下针。

- 第7行：织3针下针，织上针直到最后3针，织3针下针。

- 重复47次第6、7行的织法，直到在记号圈之间的每个部分都是101针为止（共计209针）。

- 开始按照第122页的披肩编织图编织。

- 按照编织图重复织3次。

- 松松地收针。

收尾

- 藏线头。

- 整烫。

宝贝的围巾

材料

毛线

Malabrigo美利奴精纺毛纱线
（100%美利奴羊毛；每团100
克，197米）
深红色，使用1团

编织针

美国8号（直径5毫米）针，不限
长度，直针或环形针均可

常用工具

织补针
记号圈

密度

平针织法，每4英寸×4英寸/10
厘米×10厘米范围内
织20针，32行

编织方法 ◇

左侧

· 起15针，织39行平针。

· 织锁眼：

· 第1行：织5针下针，收5针，织5针下针。

· 第2行：织5针下针，用加针起针法起5针，织5针下针。

· 再织6行平针。

· 开始按照第124页的围巾编织图编织，第1~33行织1次。

· 剪断挂线，将线尾穿过最后1个针目，收针。

右侧

· 起15针，织47行平针。

· 开始按照第124页的围巾编织图编织，第1~33行织1次。

· 剪断挂线，将线尾穿过最后1个针目，收针。

收尾

· 在起针边，将2个织片缝合在一起，要确保2个织片都是正面朝外的。

· 藏线头。

· 如果需要的话，接着整烫。

8
7
6
5
4
3
2
1

	正面织下针, 反面织上针
	挂针
	左下2针并1针
	右下3针并1针
	从针目后方穿入棒针, 织左下2针并1针
	正面织上针, 反面织下针

披肩编织图

- 第1行（正面）：挂针, 织1针下针, 挂针, 3针下针, 右下3针并1针, 3针下针, 挂针, 1针下针, 挂针, 3针下针, 右下3针并1针, 3针下针, 挂针, 1针下针, 挂针。

- 第2行（反面）：织23针上针。

- 第3行：挂针, 从针目后方穿入棒针, 织左下2针并1针, 1针下针, 挂针, 2针下针, 右下3针并1针, 2针下针, 挂针, 1针下针, 1针上针, 1针下针, 挂针, 2针下针, 右下3针并1针, 2针下针, 挂针, 1针下针, 左下2针并1针, 挂针。

- 第4行：织23针上针。

- 第5行：挂针, 从针目后方穿入棒针, 织左下2针并1针, 2针下针, 挂针, 1针下针, 右下3针并1针, 1针下针, 挂针, 2针下针, 1针上针, 2针下针, 挂针, 1针下针, 右下3针并1针, 1针下针, 挂针, 2针下针, 左下2针并1针, 挂针。

- 第6行：织23针上针。

- 第7行：挂针, 从针目后方穿入棒针, 织左下2针并1针, 3针下针, 挂针, 右下3针并1针, 挂针, 3针下针, 1针下针, 3针下针, 挂针, 右下3针并1针, 挂针, 3针下针, 左下2针并1针, 挂针。

- 第8行：织23针上针。

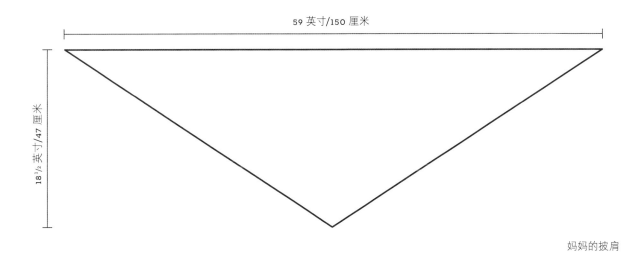

20 英寸/51 厘米

3 1/4 英寸/8.5 厘米

宝贝的围巾

59 英寸/150 厘米

18 1/2 英寸/47 厘米

妈妈的披肩

☐	正面织下针，反面织上针
◯	挂针
╱	左下2针并1针
⟋⟍	右下3针并1针
⟍╱	从针目后方穿入棒针，织左下2针并1针
●	正面织上针，反面织下针
☐	无针，直接跳到编织图的下一格

围巾编织图

- 第1行（正面）：织7针下针，挂针，1针下针，挂针，7针上针。
- 第2行（反面）：织5针下针，7针上针，5针下针。
- 第3行：织8针下针，挂针，1针下针，挂针，8针下针。
- 第4行：织5针下针，9针上针，5针下针。
- 第5行：织9针下针，挂针，1针下针，挂针，9针下针。
- 第6行：织5针下针，11针上针，5针下针。
- 第7行：织4针下针，左下2针并1针，4针下针，挂针，1针下针，挂针，4针下针，左下2针并1针，4针下针。
- 第8行：织4针下针，13针上针，4针下针。
- 第9行：织3针下针，左下2针并1针，5针下针，挂针，1针下针，挂针，5针下针，左下2针并1针，3针下针。
- 第10行：织3针下针，15针上针，3针下针。
- 第11行：织3针下针，从针目后方穿入棒针，织左下2针并1针，5针下针，挂针，1针下针，挂针，5针下针，左下2针并1针，3针下针。
- 第12行：织3针下针，15针上针，3针下针。
- 第13行：织3针下针，从针目后方穿入棒针，织左下2针并1针，5针下针，挂针，1针下针，挂针，5针下针，左下2针并1针，3针下针。

- 第14行：织3针下针，15针上针，3针下针。
- 第15行：织3针下针，从针目后方穿入棒针，织左下2针并1针，11针下针，左下2针并1针，3针下针。
- 第16行：织3针下针，13针上针，3针下针。
- 第17行：织3针下针，从针目后方穿入棒针，织左下2针并1针，9针下针，左下2针并1针，3针下针。
- 第18行：织3针下针，11针上针，3针下针。
- 第19行：织3针下针，从针目后方穿入棒针，织左下2针并1针，7针下针，左下2针并1针，3针下针。
- 第20行：织3针下针，9针上针，3针下针。
- 第21行：织3针下针，从针目后方穿入棒针，织左下2针并1针，5针下针，左下2针并1针，3针下针。
- 第22行：织3针下针，7针上针，3针下针。
- 第23行：织3针下针，从针目后方穿入棒针，织左下2针并1针，3针下针，左下2针并1针，3针下针。
- 第24行：织3针下针，5针上针，3针下针。
- 第25行：织3针下针，从针目后方穿入棒针，织左下2针并1针，1针下针，左下2针并1针，3针下针。
- 第26行：织3针下针，3针上针，3针下针。

- 第27行：织3针下针，右下3针并1针，3针下针。
- 第28行：织3针下针，1针上针，3针下针。
- 第29行：织2针下针，右下3针并1针，2针下针。
- 第30行：织5针下针。
- 第31行：织1针下针，右下3针并1针，1针下针。
- 第32行：织3针下针。
- 第33行：织右下3针并1针。

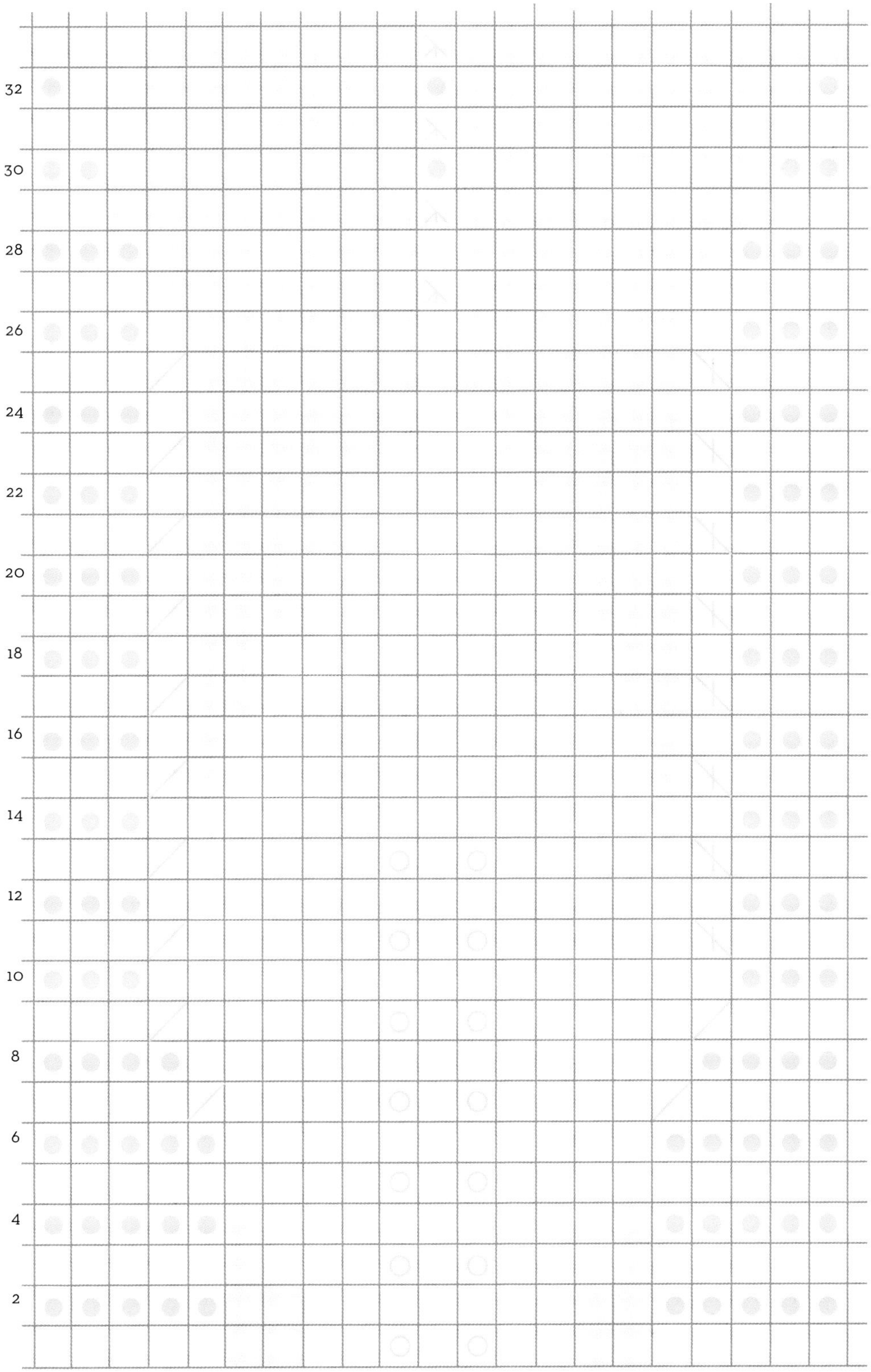
32
30
28
26
24
22
20
18
16
14
12
10
8
6
4
2

著作权合同登记号：图字16—2014—018

图书在版编目(CIP)数据

给妈妈与宝贝女儿的20款亲子毛衣/（美）加佩儿著；（美）赫林摄影；胡怡真译.—郑州：河南
科学技术出版社，2015.10
ISBN 978-7-5349-7872-2

Ⅰ.①给…　Ⅱ.①加…　②赫…　③胡…　Ⅲ.①女服-毛衣-编织-图集②童服-毛衣-编织-图集
Ⅳ.①TS941.763.2-64②TS941.763.1-64

中国版本图书馆CIP数据核字(2015)第173255号

出版发行：河南科学技术出版社
　　　　　地址：郑州市经五路66号　　邮编：450002
　　　　　电话：（0371）65737028　　65788613
策划编辑：李　洁
责任编辑：孟凡晓
责任校对：耿宝文
责任印制：张艳芳
印　　刷：北京盛通印刷股份有限公司
经　　销：全国新华书店
幅面尺寸：212mm×225mm　　印张：6.5　　字数：220千字
版　　次：2015年10月第1版　　2015年10月第1次印刷
定　　价：39.80元

如发现印、装质量问题，影响阅读，请与出版社联系并调换。